Mohammad Bayat
Fahimeh Sadat Hosseini

Síntese de compostos heterocíclicos utilizando MCR

Mohammad Bayat
Fahimeh Sadat Hosseini

Síntese de compostos heterocíclicos utilizando MCR

ScienciaScripts

Cover image: www.ingimage.com

This book is a translation from the original published under ISBN 978-3-330-32926-3.

Publisher:
Sciencia Scripts
is a trademark of
Dodo Books Indian Ocean Ltd. and OmniScriptum S.R.L publishing group

120 High Road, East Finchley, London, N2 9ED, United Kingdom
Str. Armeneasca 28/1, office 1, Chisinau MD-2012, Republic of Moldova, Europe
Printed at: see last page
ISBN: 978-620-7-94560-3

Síntese de compostos heterocíclicos com MCR

Visitar

Mohammad Bayat e Fahimeh Sadat Hosseini

Departamento de Química, Faculdade de Ciências,
Universidade Internacional Imam Khomeini
, Qazvin, Irão

Prefácio

Este é um livro sobre a síntese de compostos heterocíclicos, que inclui a minha equipa de investigação e a literatura publicada nos últimos anos. Os heterociclos representam uma grande classe de compostos orgânicos e desempenham um papel importante em todos os domínios da química pura e aplicada. Os compostos heterocíclicos encontram-se em medicamentos eficazes, produtos fitofarmacêuticos e produtos tecnicamente importantes. A síntese de compostos heterocíclicos continua a crescer rapidamente e um grande número de compostos heterocíclicos foi descoberto nas últimas seis décadas.

Nos últimos vinte anos, foram publicados vários livros sobre a síntese e a química de compostos heterocíclicos. Este livro destina-se a estudantes avançados, pós-graduados e investigadores do meio académico e industrial que trabalhem no domínio dos heterociclos e da química orgânica e que pretendam obter uma perspetiva dos novos métodos de síntese, da química e das aplicações dos heterociclos. A classificação baseia-se no tamanho do anel heterocíclico. Dado que existe um número considerável de publicações sobre a síntese e a química de heterociclos com cinco e seis membros, foi decidido concentrar-se na sua síntese nos Capítulos 4 e 5. O Capítulo 6 resume os dados sobre os produtos farmacêuticos que contêm heterociclos. As referências bibliográficas estão integradas no texto e são mencionadas no final de cada capítulo. Esperamos que os nossos leitores considerem este livro um guia útil para a síntese de compostos heterocíclicos.

Agradecimentos

Gostaria de agradecer à Universidade Internacional Imam Khomeini, no Irão, pelo apoio financeiro à minha equipa de investigação. Gostaria de agradecer a Fahimeh S. Hosseini e Hajar Hosseini (estudantes de doutoramento) pela sua ajuda constante na redação do manuscrito e na preparação dos planos.
Gostaria também de agradecer ao editor (Lambert Academic Publishing) pela sua colaboração e ajuda na produção do livro.

Conteúdo:

1 Introdução 4

2 Heterociclos tripartidos 7

3 Heterociclos com quatro membros 12

4 Heterociclos com cinco membros 16

5 Heterociclos com seis membros 64

6 A importância dos heterociclos na medicina 109

1 Introdução

Os compostos heterocíclicos são de grande interesse na nossa vida quotidiana. A química heterocíclica ocupa-se dos compostos heterocíclicos, que representam cerca de sessenta e cinco por cento da literatura sobre química orgânica. Os compostos heterocíclicos estão muito presentes na natureza e são essenciais à vida, desempenhando um papel importante no metabolismo de todas as células vivas. O material genético ADN é também composto por bases heterocíclicas - pirimidinas e purinas. Um grande número de compostos heterocíclicos, tanto sintéticos como naturais, são farmacologicamente activos e utilizados clinicamente [1].

Os compostos heterocíclicos têm uma vasta gama de aplicações: são utilizados principalmente como medicamentos, agroquímicos e produtos veterinários. São também utilizados como sensibilizadores, reveladores, antioxidantes, inibidores de corrosão, copolímeros e corantes. São utilizados como veículos para a síntese de outros compostos orgânicos [1].

Os heterociclos estão presentes numa grande variedade de medicamentos, na maioria das vitaminas, em muitos produtos naturais, em biomoléculas e em compostos biologicamente activos, incluindo medicamentos antitumorais, antibióticos, anti-inflamatórios, antidepressivos, antimaláricos, anti-HIV, antimicrobianos, antibacterianos, antifúngicos, antivirais, antidiabéticos, herbicidas, fungicidas e insecticidas.

Os alcalóides, por exemplo, formam um grupo principal de compostos heterocíclicos naturais com diferentes actividades biológicas. A maioria dos alcalóides contém átomos de azoto básicos. A cinchonina (fig. 1.1), um alcaloide da classe das quinolonas, actua contra a malária [2]. O rofecoxibe (fig. 1.1), utilizado no tratamento da artrite reumatoide [3].

Figura 1.1. Estruturas do rofecoxibe e da cinchonina.

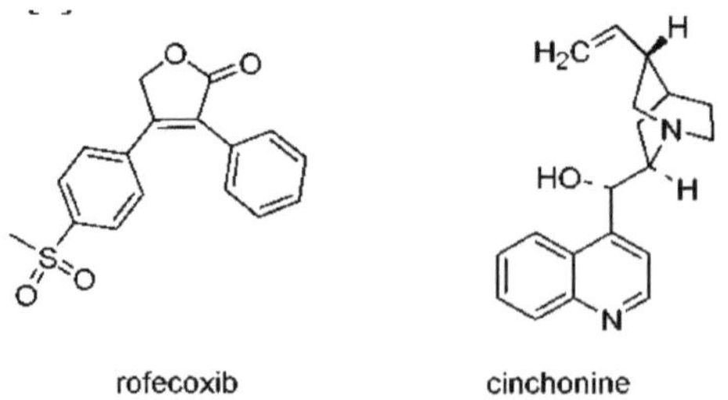

rofecoxib

cinchonine

O posaconazol é um antifúngico triazólico. É ativo contra os seguintes microrganismos: Candida, Asperigillus, Zygomyces (Fig. 1.2) [4].

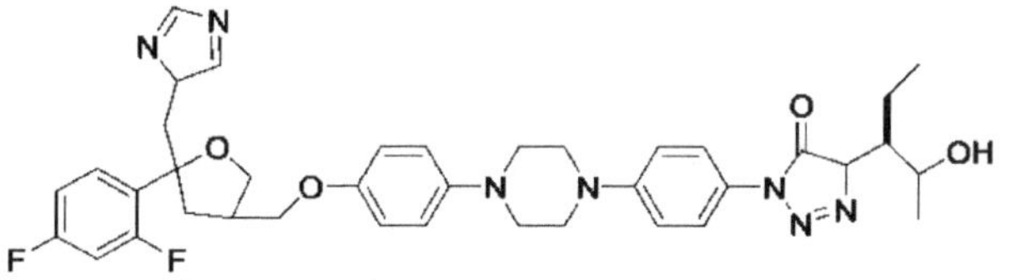

Posaconazol

Figura 1.2: Estrutura do posaconazol.

Os compostos heterocíclicos criaram, de um modo geral, uma plataforma para o rápido intercâmbio de resultados de investigação nos domínios da química orgânica, farmacêutica, analítica e médica. Na indústria farmacêutica, mais de 75% dos duzentos medicamentos mais vendidos têm fragmentos heterocíclicos na sua estrutura.

Uma via geral para melhorar a eficiência sintética, que também permite o acesso a um grande número de produtos diversos, é o desenvolvimento de reacções dominó multicomponentes, que permitem a produção de moléculas complexas a partir de substratos simples. As reacções em dominó são definidas como processos de duas ou mais reacções de formação de ligações numa panela, em que a transformação seguinte ocorre nas funcionalidades obtidas na transformação anterior; trata-se, portanto, de um processo resolvido no tempo [5].

Os métodos tradicionais de síntese de compostos complexos envolvem numerosas etapas de síntese, incluindo procedimentos de extração e purificação para cada etapa, o que conduz a uma síntese ineficiente e à produção de grandes quantidades de resíduos. As reacções multicomponentes (RCM) permitem produzir várias ligações numa única operação e oferecem vantagens notáveis como a convergência, a simplicidade do processo, a facilidade de automatização, a redução do número de etapas e dos processos de extração e purificação. É por isso que as RCM e os seus melhoramentos são de grande interesse para a investigação atual. Sendo uma reação de um só frasco, as RCM proporcionam um acesso rápido a bibliotecas combinatórias de moléculas complexas, particularmente na descoberta de medicamentos [6].

Os MCRs são ferramentas importantes para a síntese de quase todas as classes de compostos heterocíclicos, razão pela qual apresentamos aqui a síntese de esqueletos heterocíclicos de todas as classes derivados de MCRs.

Referências :

[1] P. Arora, V. Arora, H. S. Lamba e D. Wadhwa. *Int. J. Pharma Sci. Res.* **2012**, 3, 2947-2954.

[2] A. Stoll. *Helvi. Chim. Ata.* **1945**, *28*, 1283.

[3] M. Bayat, H. Imanieh, F. Hassanzadeh. *Tetrahedron Lett.* **2010**, *51*, 1873-1875

[4] J. Molina, O. Martins-filho, Z. Btener, A. Romanha, D. Loebenberg, J. A. Urbina. *Agentes Antimicrobianos Quimioterapia.* **2000**, *44*, 150-155.

[5] (a) L. F. Tietze, A. Modi. *Med. Res. Rev.* **2000**, *20*, 304-322. (b) G. Poli, G. Giambastiani, A. Heumann. *Tetrahedron* **2000**, *56*, 5959-5989.

[6] S. Samai, G. C. Nandi, R. Kumar, M. S. Singh. *Tetrahedron Lett.* **2009**, *50*, 7096.

2 Heterociclos tripartidos

As propriedades dos heterociclos de três membros devem-se principalmente ao grande alongamento do ângulo de ligação (alongamento de Baeyer). A tensão cíclica resultante confere a estes compostos um elevado grau de reatividade química [1].

2.1 Oxiran

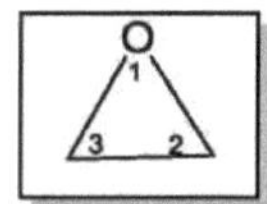

Os oxiranos são também conhecidos como epóxidos. Para além da tensão do anel, uma propriedade importante dos oxiranos é a sua basicidade de Bronsted e Lewis, que se deve aos pares de electrões não ligados no átomo de O.

Quatro reacções revelaram-se úteis na síntese de oxiranos. Todas elas se baseiam no mesmo princípio: um átomo de oxigénio aniónico substitui intramolecularmente um grupo de saída num átomo de -C [1].

1- Ciclodehidrohalogenação de -halogenoalcoóis
2- Epoxidação de alcenos
3- Reação de Darzens (síntese de ésteres glicidílicos)
4- Resumo do Corey

Rowbottom et al. relataram a síntese de três componentes de epóxidos de vinilo utilizando tetrafluoroborato de butadieno e dimetilsulfónio **1**. Os malonatos de sódio substituídos **2** foram essenciais como nucleófilos suaves para forçar a 1,4-adição ao ião sulfónio do butadieno e para evitar a ciclopropanação. O sulfureto de vinilo **3** reagiu com o aldeído **4** com elevada regiosselectividade, seguido da remoção do sulfureto de dimetilo para libertar produtos epóxidos de vinilo **5** (Esquema 2.1) [2].

2.2 Thiiran

Na+

DCM

<-15 ^{0}C

1 2

$R = CH_3, NHAc, SPh,$
$X, X' = CH_3, OEt$

4

R' = alkyl aryl

3 5

31-81 % yield
(*E*)-only, mixture of *cis:trans*

Scheme 2.1. Three-component synthesis of vinyl epoxides.

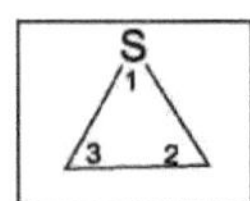

Os tiiranos são também conhecidos como episulfuretos. As propriedades dos tiiranos devem-se principalmente à tensão do seu anel. Apesar de uma menor entalpia de expansão, os tiiranos são menos estáveis termicamente do que os oxiranos. Os tiiranos substituídos são mais estáveis termicamente.

Os tiiranos podem ser sintetizados a partir de tióis e oxiranos -substituídos da seguinte forma [1] :

1- Ciclização de tióis -substituídos
2- Transformação do ciclo do oxirano

Mloston et al. descreveram a síntese de tiiranos racémicos instáveis **13** por uma reação de três componentes de fenilazida **6**, fumarato de dimetilo **7** e diariltiocetonas **8**. O mecanismo proposto envolve uma primeira ciclo-adição [3 + 2] entre a azida e o fumarato para formar a triazolina **9** e o seu isómero diazo **10**. Uma segunda cicloadição [3 + 2] com a tioketona **9** conduz ao dihidrotiadiazol **11**, que perde N2 para dar um ylide de tiocarbonilo **12**, que serve de precursor para a electrociclização. Os produtos de tiirano foram considerados termicamente instáveis, mas podem ser dessulfurados na presença de hexametilfosforotriamida. Em estudos anteriores, os autores investigaram a reatividade das alquiltiocetonas e não isolaram um tiirano.

mas sim derivados do 1,3-oxatiolano. Isto pode ser explicado pela diferente reatividade do ylide de tiocarbonilo (diagrama 2.2) [2].

2.3 Aziridina

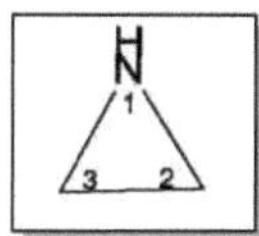

A aziridina era anteriormente conhecida como etilenoimina. Deve ter-se cuidado ao manusear as aziridinas, uma vez que muitas são altamente tóxicas [1].

As aziridinas podem ser sintetizadas, por exemplo, a partir de aminas ou alcenos substituídos:

1- Ciclização de aminas B-substituídas

2- Reação térmica ou fotoquímica de azidas com alcenos

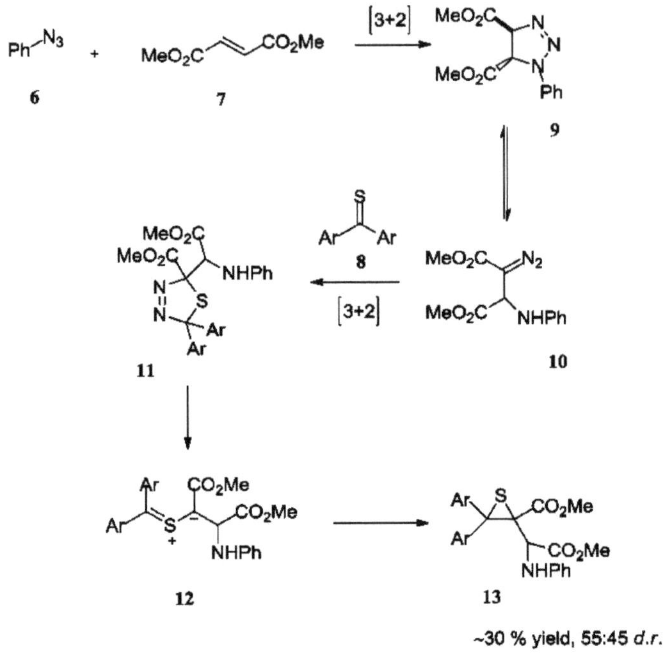

Scheme 2.2. Synthesis of thiiranes.

Ishii et al. estudaram uma reação de acoplamento de três componentes de aldeídos alifáticos **14**, aminas alifáticas **15** e diazoacetato de etilo **16** que, utilizando [Ir(cod)Cl]z como catalisador em condições moderadas, **conduziu aos** correspondentes derivados de aziridina **17** (Esquema 2.3) [3].

Budynina et al. estudaram uma reação monopartida de três componentes de tetranitro e bromotrinitrometanos **18**, alcoxiacetilenos **21** e diazometano **19** ou biciclobutilideno **20**, que produziu gem-dinitroaziridinas **24** por transferência electrofílica sequencial seguida de [3 + 2] cicloadição. Os alcinos ricos em electrões, tais como o etoxiacetileno e a l-etoxi-l-butina, reagiram como dipolarófilos com dinitronitronatos **22** para dar 3,3-dinitro-2,3-dihidroisoxazóis **23** instáveis, que depois sofreram um rearranjo espontâneo (um rearranjo 1,3-sigmatrópico) para dar gem-dinitroaziridinas **24**. A reação processa-se geralmente com um elevado grau de regiosselectividade e apenas **se obtêm** gem-dinitroaziridinas **24** (Figura 2.4) [4].

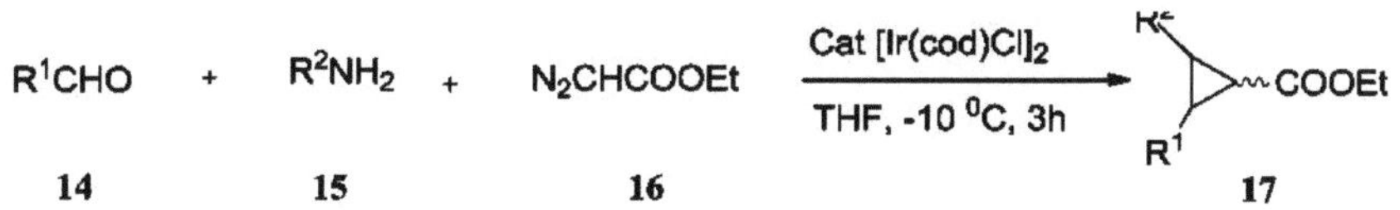

$$R^1CHO + R^2NH_2 + N_2CHCOOEt \xrightarrow[\text{THF, -10 }^0\text{C, 3h}]{\text{Cat [Ir(cod)Cl]}_2}$$

14 15 16 17

Scheme 2.3. Three-component synthesis of aziridine derivatives.

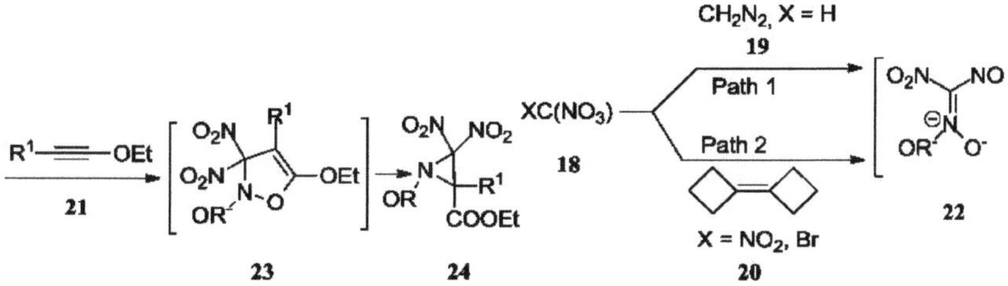

CH2N2, X = H

19

Path 1

Path 2

XC(NO3)

18

21 23 24 20 22

X = NO2, Br

Figura 2.4. Síntese one-pot de três componentes de dinitroaziridinas.

Referências :

[1] T. Eicher, S. Hauptmann. The chemistry of heterocycles. Wiley-VCH; **2003**.

[2] B. H. Rotstein, S. Zaretsky, V. Rai, A. K. Yudin. *Chem. Rev.* **2014**, *114*, 8323-8359.

[3] T. Kubo, S. Sakaguchi, Y. Ishii. *Chem. Commun.* **2000**, 625-626.

[4] E. M. Budynina, E. B. Averina, O. A. Ivanova, T. S. Kuznetsova, N. S. Zefirov. *Tetrahedron Lett.* **2005**, *46*, 657-659.

3 Heterociclos com quatro membros

Para heterociclos com quatro membros, a tensão do anel é menor do que para os compostos correspondentes com três membros e corresponde aproximadamente à do ciclobutano. No entanto, predominam as reacções de abertura do anel, nas quais se formam produtos acíclicos. Ao mesmo tempo, a analogia com a reatividade dos compostos alifáticos correspondentes (éteres, tioéteres, aminas secundárias e terciárias, iminas) torna-se mais clara [1].

3.1 Oxetan :

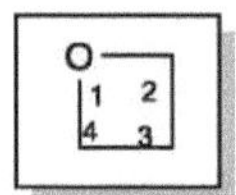

Os oxetanos reagem como os oxiranos com a abertura do anel, mas mais lentamente e em condições restritivas [1].

Existem dois métodos para sintetizar os oxetanos:

1- Ciclização de álcoois -substituídos

2- A reação de Paterno-Buchi

3- Em 2010, Yao e colegas descreveram a síntese de 2-iminooxetanos **28** pela reação de alcinos terminais **25**, TsN3 **26** e ésteres alquinil cetoalquílicos **27 na** presença de iodeto de cobre. Estes heterociclos podem ser isolados ou transformados por processos de expansão do anel. Os próprios iminooxetanos podem ser isolados como uma mistura de tautómeros utilizando Cs2CO3 como base e cromatografia em coluna de sílica gel a baixa temperatura (esquema 3.1) [2].

Ph **25** + TsN_3 **26** + Ph **27** (O^iPr) — CuI, Cs_2CO_3, DCM, reflux →

TsN / $CO_2{}^iPr$ / Ph / Ph ⇌ TsHN / $CO_2{}^iPr$ / Ph / Ph

Figura 3.1. Síntese dos 2-iminooxetanos.

3.2 Azetidina

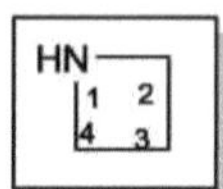

A azetidina era anteriormente conhecida como trimetilenoimina. As azetidinas são termicamente estáveis e menos reactivas do que as aziridinas. Nas suas reacções, comportam-se quase como alquilaminas secundárias. São mais básicas do que a aziridina e até do que a dimetilamina [1].

Por exemplo, as azetidinas podem ser sintetizadas a partir de aminas -substituídas ou de 1,3-dihaloalcanos:

1- Ciclização de aminas -substituídas

2- Efeito da p-toluenossulfonamida e das bases nos 1,3-dihaloalcanos

Zanobini et al. desenvolveram uma reação de um só frasco e de três componentes para a conversão direta de certos cloridratos de alquil/aril-hidroxilamina **29**, aldeído **30** e biciclopropilideno **31** **para** produzir 3-spirociclopropanato-2-azetidinonas **32** (Esquema 3.2) [3].

Esquema 3.2. Síntese one-pot de três componentes de 3-spirociclopropanato-2-azetidinonas.

Isenring et al. descreveram uma abordagem MCR para a síntese total de nocardicinas. Esta abordagem estratégica foi utilizada utilizando a isoserina **33**, o p-(benziloxi)-benzaldeído **34** e o difenilmetilisocianeto **35 para a** síntese do ácido 3-aminonocardíaco **36** (Esquema 3.3) [2].

O composto original ainda não foi produzido. No entanto, são conhecidas muitas 1,2-diazetidinas [1].

Naskar e colaboradores relataram a síntese do aza-lactameno **39** através de uma condensação em tandem da condensação multicomponente de Petasis-Ugi e da reação de condensação da 1,3-diisopropilcarbodiimida **37** (DIC). O composto **38** foi preparado por uma reação de condensação de Petasis de três componentes seguida de desproteção Boc (Esquema 3.4) [4].

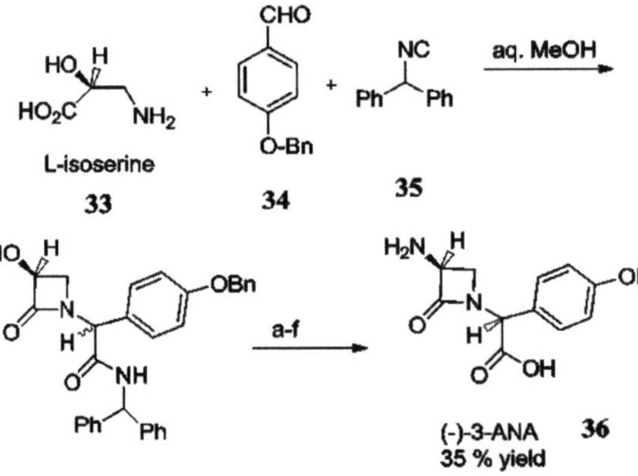

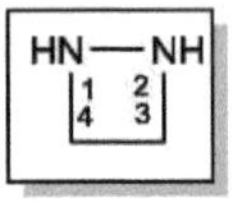

Scheme 3.3. Synthesis of nocardicins.

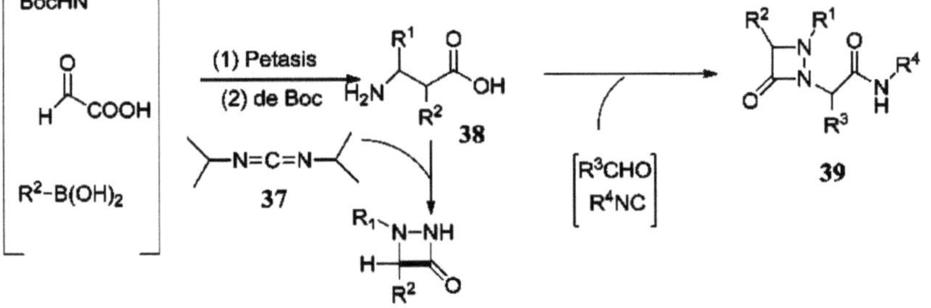

Scheme 3.4. Synthesis of aza-β-lactams.

Referências :

[1] T. Eicher, S. Hauptmann. The chemistry of heterocycles. Wiley-VCH; **2003**.

[2] B. H. Rotstein, S. Zaretsky, V. Rai, A. K. Yudin. *Chem. Rev.* **2014**, *114*, 8323-8359.

[3] A. Zanobini, A. Brandi, A. Meijere. *Eur. J. Org. Cherm.* **2006**, 12511255.

[4] D. Naskar, A. Roy, W. L. Seibel, L. West, D. E. Portlock. *Tetrahedron Lett.* **2003**, *44*, 6297-6300.

4 Heterociclos com cinco membros

Para este grande grupo de heterociclos, a tensão do anel é de pouca ou nenhuma importância. As reacções de abertura do anel são, portanto, mais raras do que para os heterociclos com três ou quatro membros [1].

4.1 Furano

β' β α' α 4 3 5 1 2 O

O furano é tóxico e pode ser cancerígeno para os seres humanos. É utilizado como matéria-prima para outros produtos químicos especiais.

Existem vários métodos de produção de furano. Por exemplo [1]:

1- Síntese de Paal-Knorr

2- Síntese de Feist-Benary

40 + R^1-CHO **41** + R^2-N=C: **42** → (CH_2Cl_2, r.t., 20 h, 74-90%) **43**

x	y
MeN	C=O
CH_2	Me_2C
	CH_2

R^1 = CHO, 4-NO_2-C_6H_4

R^2 = Cyclohexyl, *t*-Bu

Em 2010, Bayat e colegas descreveram uma nova e eficiente abordagem one-pot para a síntese de derivados de furopirimidina e oxobenzofurano **43** através da reação de ácidos CH **40** com aldeídos **41** e isocianetos **42** em CH2C12 à temperatura ambiente. As reacções ficaram concluídas após 20 horas à temperatura ambiente. As vantagens deste método são o elevado rendimento, a simplicidade da metodologia e a facilidade de processamento (Figura 4.1) [2].

Esquema 4.1. Síntese dos derivados de furopirimidina e oxobenzofurano.

A formação da estrutura condensada pode ser explicada pela formação inicial de

de um heterodieno conjugado pobre em electrões por condensação de Knoevenagel de

aldeído **41a** e ácido CH **40a**, seguida de uma reação de [1 + 4] cicloadição ou de uma reação de adição de Michael com isocianeto **42a**, para obter um derivado iminofurânico **43**, que foi depois isomerizado no produto **44** (esquema 4.2).

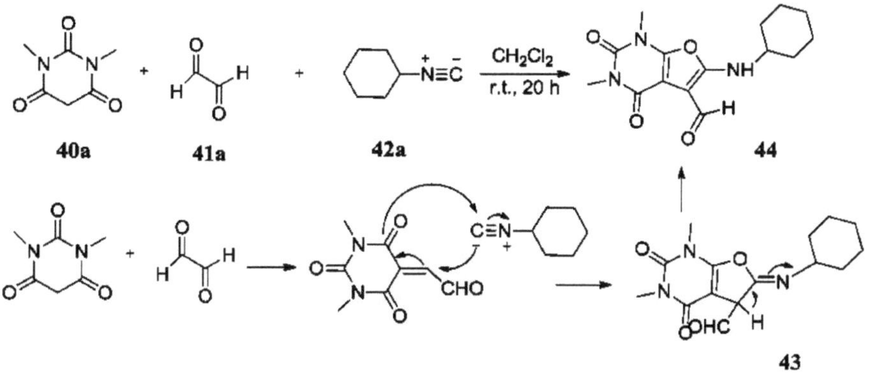

40a **41a** **42a** **44**

43

Figura 4.2: Mecanismo plausível para a síntese de derivados de furopirimidina e oxobenzofurano.

Em 2010, também relataram uma síntese simples de derivados de 2,5-diaminofurano altamente funcionalizados e compostos enónicos utilizando isocianetos de alquilo **42** e dicarboxilatos de dialquilacetileno **45** na presença de anidrido acético ou anidrido benzoico **46** como agente de captura para o intermediário zwitteriónico reativo. Esta reação de condensação de três componentes produz 2,5-diaminofurano **48** altamente funcionalizado com um rendimento bastante bom (Esquema 4.3) [3].

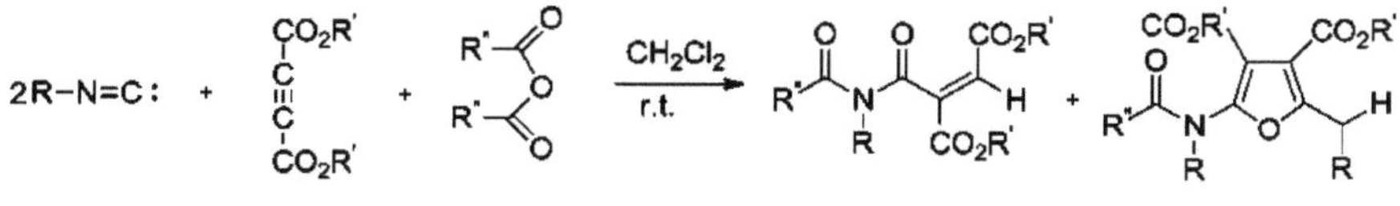

42 **45** **46** **47** **48**

Figura 4.3 Síntese dos derivados do 2,5-diaminofurano.

Com base na química conhecida dos isocianetos, pode presumir-se que o composto **47 resulta da** adição inicial do isocianeto de alquilo **42** ao éster do ácido acetilénico **45, seguida da** protonação do aduto 1:1 **B** pelo ácido resultante da hidrólise do anidrido e, em seguida, do ataque do anião carboxilato do ião de carga positiva **C** para formar carboxilato de imidoilo.

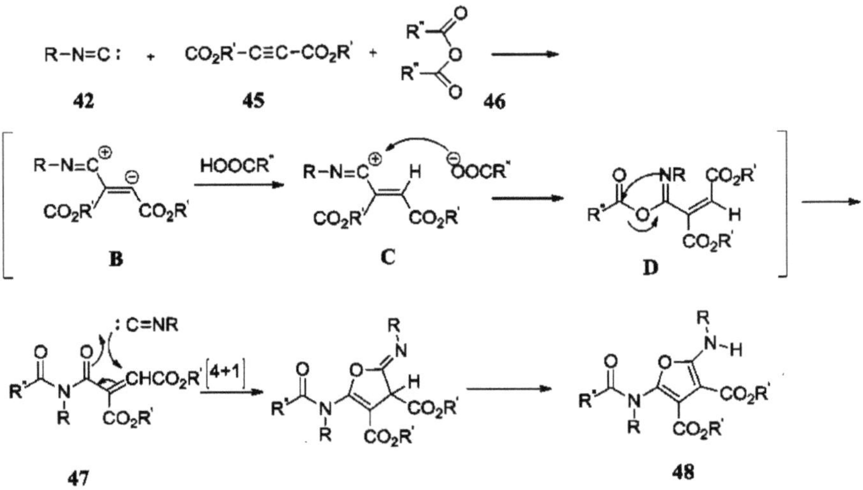

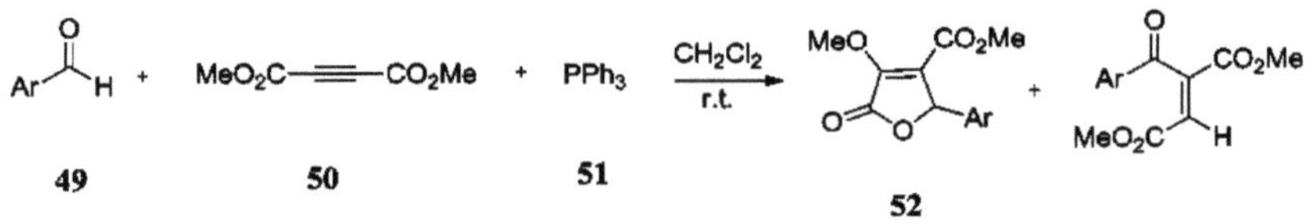

D, que é rearranjado para formar a enona **47**. O composto **47** é rearranjado com isocianeto para formar o derivado 2,5-diaminofurano **48** (Figura 4.4).

Figura 4.4 Mecanismo plausível para a síntese de derivados de 2,5-diaminofurano.

Bayat e colegas também desenvolveram em 2010 uma síntese eficiente do 2,5-dihidro-4-metoxi-5-oxo-2-arilfurano-3-carboxilato de metilo **52** através de reacções de três componentes de um só lote de arilaldeídos **49** com dicarboxilato de dimetilacetileno **50 na** presença de Ph_3P **51** à temperatura ambiente em CH_2Cl_2. Este processo tem a vantagem de não só a reação decorrer em condições neutras, como também as substâncias poderem ser misturadas sem qualquer ativação ou modificação (Esquema 4.5) [4].

Esquema 4.5 Síntese do 2,5-di-hidro-4-metoxi-5-oxo-2-arilfurano-3-carboxilato de metilo.

Em 2010, Bayat et al. estudaram a RCM de isocianetos **de 42-alquilo** e dicarboxilatos **de 45-dialquilacetilo na** presença de anidrido maleico ou de

anidrido citracónico **53** como agente de captura para o intermediário zwitteriónico reativo. Esta reação de condensação de três componentes conduz a iminospiro-g-lactonas **54** altamente funcionalizadas com rendimentos bastante bons (Figura 4.6) [5].

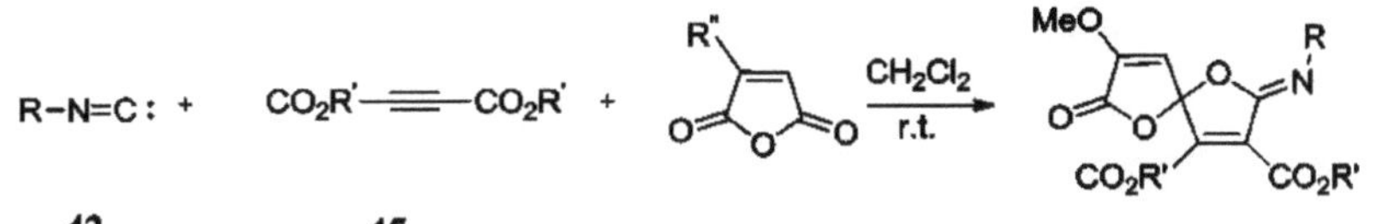

Esquema 4.6. Síntese de iminospiro-g-lactonas funcionalizadas.

Com base na química bem estabelecida dos isocianetos, é razoável supor que os compostos **54 resultam da** adição inicial de isocianetos de alquilo **42** ao éster de acetileno **45 para formar** o intermediário **E**, que é adicionado à parte C=O do anidrido de uma forma [3 + 2] ou por um processo gradual que envolve a adição nucleofílica de **E** ao grupo C=O reativo dos anidridos para formar iões nitrilo **F** e ciclização para espirolactonas **54** (Esquema 4.7).

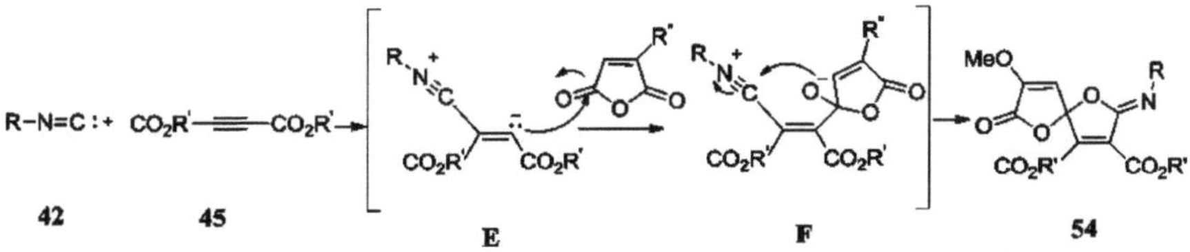

Figura 4.7. Mecanismo plausível para a síntese de iminospiro-g-lactonas funcionalizadas.

Bayat et al. apresentaram em 2010 uma via rápida e versátil para a preparação de novos compostos espirocetais **56** através de uma reação de três componentes de dicarboxilatos de dialquil acetileno **45** com derivados de anidrido ftálico **55** na presença de Ph3P **51** (Esquema 4.8) [6].

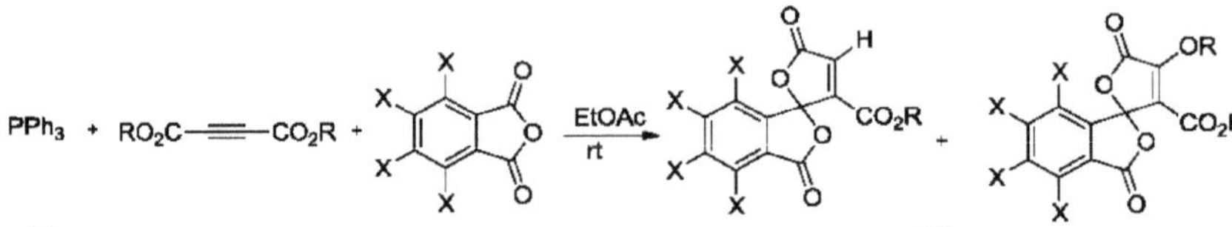

PPh$_3$ + RO$_2$C—≡—CO$_2$R + [55] $\xrightarrow[\text{rt}]{\text{EtOAc}}$ [56] + [56]

51 45 55 56

Esquema 4.8. Síntese de compostos espirocetais.

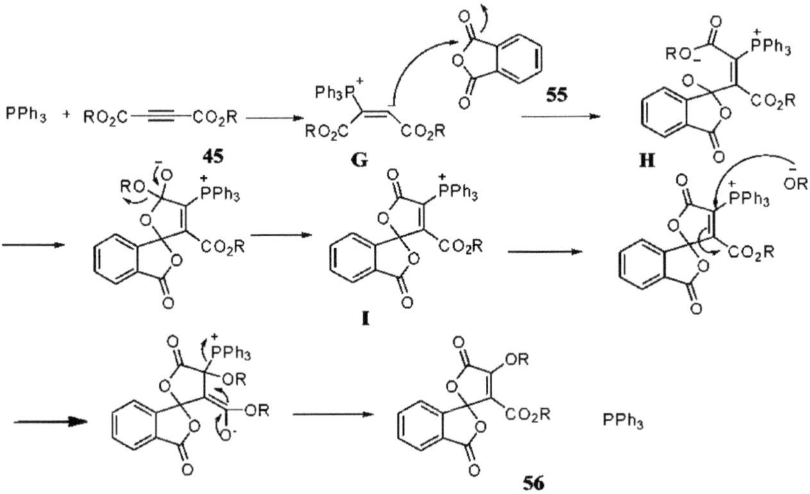

PPh$_3$ + RO$_2$C—≡—CO$_2$R → G → (55) H → ... → I → ... → ... → 56 + PPh$_3$

45 G H I 56

É concebível que, durante a reação, se forme primeiro um intermediário 1,3-dipolar **G** entre o Ph3P e o composto acetilénico, que reage com o grupo carbonilo do anidrido ftálico **55** para formar **H.** O composto acetilénico é então transformado num intermediário 1,3-dipolar **G, que** reage com o grupo carbonilo do composto acetilénico. A ciclização deste intermediário zwitteriónico conduz ao espiro-intermediário **I.** O intermediário **I é** então atacado pelo anião alcoxi e a subsequente perda de Ph3P conduz ao composto **56.** A formação do subproduto **56 depende** da taxa de substituição, que é negligenciável para alcóxidos volumosos como o terc-butóxido (Figura 4.9).

Figura 4.9. Mecanismo plausível para a síntese de compostos espirocetais.

É igualmente possível uma outra via, com a **formação** do produto intermédio **I**, seguida de um ataque da água ao ião fósforo de carga positiva para formar o produto intermédio **J**, que é transformado no produto **56** por transferência de protões e perda de Ph3PO (esquema 4.10).

Figura 4.10. Outra via para a síntese de compostos espirocetais.

4.2 Tetrahidrofurano

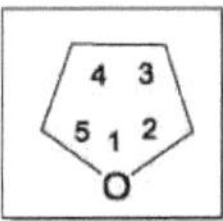

O tetra-hidrofurano (THF) é um solvente versátil.

Eis alguns métodos de obtenção de tetrahidrofuranos [1] :

1- Ciclodehidratação de 1,4-dióis
2- Ciclização de álcoois substituídos ,-insaturados

Zhao et al. relataram a síntese de derivados de tetrahidrofurano **57** pela reação de ciclopentenos de zircónio com dois equivalentes dos mesmos aldeídos na presença de um equivalente de CuCl, em bons rendimentos isolados após hidrólise com HCl 3 N aquoso. Esta reação deu origem a um derivado de tetrahidrofurano composto por quatro componentes diferentes, envolvendo um alquino, um etileno e dois aldeídos diferentes, representando a primeira síntese one-pot de derivados importantes de tetrahidrofurano a partir de quatro componentes (Esquema 4.11) [7].

Scheme 4.11. Synthesis of tetrahydrofuran derivatives.

Tiofeno

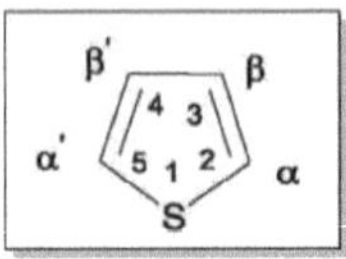

Em princípio, a retrosíntese do tiofeno pode ser efectuada de forma semelhante à do furano. É possível deduzir uma série de sínteses para o tiofeno, por exemplo [1] :

1- Resumo do artigo
2- Síntese de Fiesselmann
3- Síntese de Gewald
4- Resumo de Hinsberg

Em 2014, Matloubi Moghaddam et al. desenvolveram um método eficiente para a preparação de tiofenos **60** altamente substituídos através de reacções de três componentes de ^-cetoditioésteres **58** com isocianeto **42a** e a-haloketonas **59** em água. A reação foi realizada num meio aquoso e ocorre sem catalisador. Outras vantagens são o bom rendimento dos produtos e a facilidade de processamento, o que deverá torná-la um método útil e atrativo para a síntese de tiofenos polissubstituídos (Esquema 4.12) [8].

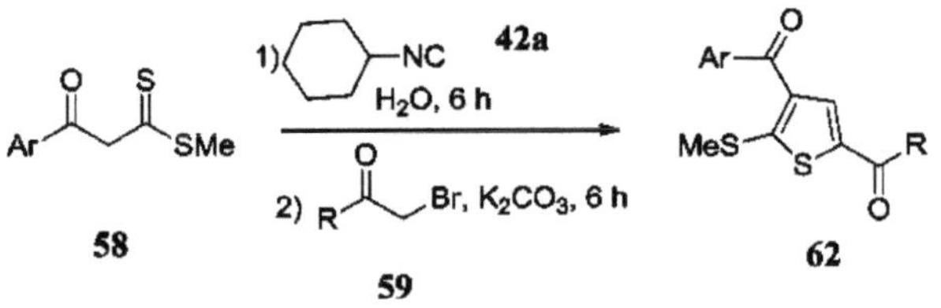

Figura 4.12. Preparação de tiofenos substituídos.

O mecanismo proposto para a reação é apresentado na Figura 4.13. A primeira etapa envolve a abstração do protão ácido do -cetoditioéster **58** pelo isocianeto de ciclo-hexilo **42a**, seguida de um ataque nucleofílico ao ião carregado positivamente do isocianeto para produzir a imina **60**, que se isomeriza rapidamente em enamina **61**. A enamina **61** é então submetida a S-alquilação com a a-haloketona **59 para dar** o ião imínio **K**. Finalmente, o tiofeno **62a é** obtido por ciclização intramolecular com eliminação da ciclohexilamina.

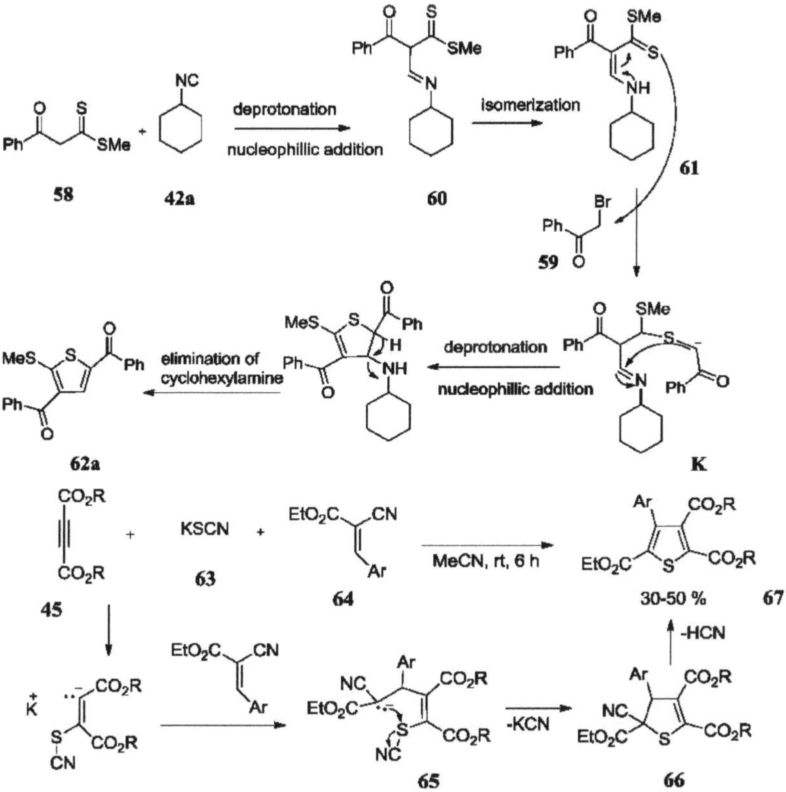

Esquema 4.13. Mecanismo proposto para a síntese de tiofenos substituídos.

Em 2012, Hassanabadi e colaboradores relataram a síntese de trialquil-4-ariltiofeno-2,3,5-tricarboxilatos **67** em rendimentos moderados (30-50%) a partir da reação entre dialquilacetilenodicarboxilatos **45**, KSCN **63** e 3-aril-2-cianoacrilatos **64**, efectuada em MeCN à temperatura ambiente durante 6 h, através da formação intermédia do sal orgânico **65**, que sofre ciclização com perda de KCN (para dar o derivado dihidrotiofénico **66**), seguida de remoção de HCN (Esquema 4.14) [9].

R= Me, Et ; Ar=Ph, p-MeC$_6$H$_4$, p-ClC$_6$H$_4$, p-O$_2$NC$_6$H$_4$

Esquema 4.14. Síntese dos trialquil-4-ariltiofeno-2,3,5-tricarboxilatos.

4.4 Pirrolo

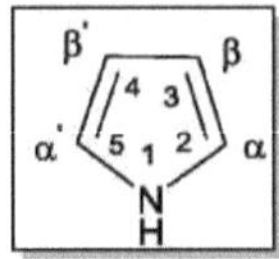

O pirrol é o precursor biossintético de numerosos produtos naturais, como o heme.

Os pirrolas sofrem numerosas reacções. Existem vários métodos para produzir furano. Por exemplo [1]:

1- A síntese de Paal-Knorr
2- Resumo de Hantzsch
3- Síntese de Knorr
4- Síntese de Kenner
5- Síntese de Barton-Zard

Em 2016, Yavari et al. utilizaram uma abordagem eficiente, sem metal de transição

aromatização do grupo dihidropirrol do produto intermédio **73**, obtendo-se o derivado indolizina **74** (Figura 4.16).

^{3}no sentido da ativação da ligação C-H por funcionalização da ligação C-H sp $_{\text{mediada}}$ molecularmente por $_{\text{I2}}$ para a síntese de derivados da indolizina **74** através de uma reação de cicloadição 1,3-dipolar do ylideno azotado **71** com ynones **72**. As reacções decorrem bem mesmo na ausência de metal ou ligando (Figura 4.15) [10].

Assume-se que a acetofenona **68** é primeiro activada por coordenação com iodo molecular, conduzindo a um intermediário **69.** Este intermediário reage com a piridina para formar o iodeto de 1-(2-oxo-2-feniletil)piridínio **70**, que é depois convertido no ylide de azoto **71** por DIPEA. A reação de cicloadição 1,3-dipolar do ylide **71** com a ynona **72**, seguida de

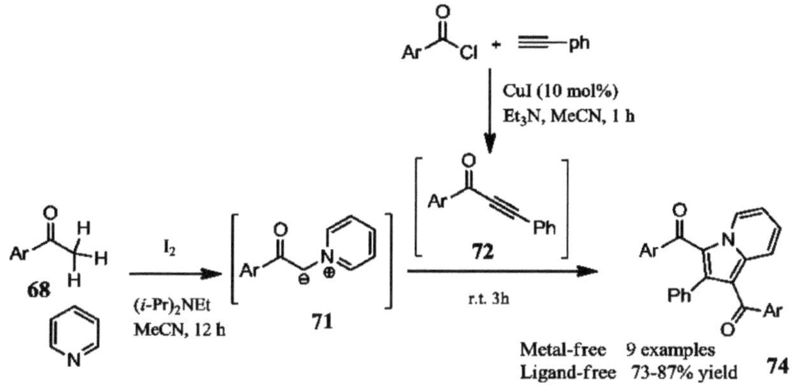

Scheme 4.15. Synthesis of indolizine derivatives.

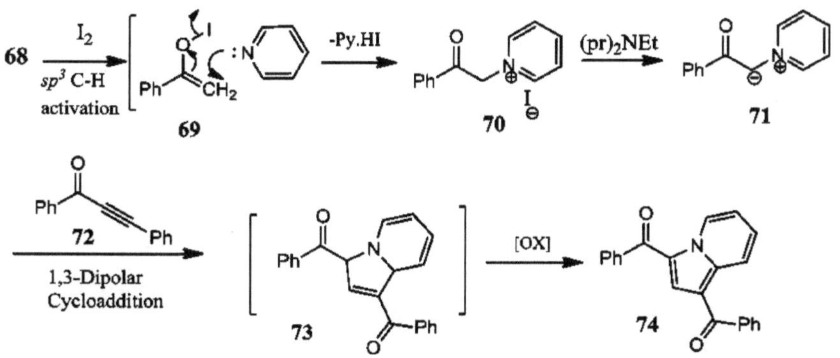

Figura 4.16. Mecanismo plausível para a síntese de derivados da indolizina.

Em 2012, Humenny et al. descreveram a síntese de pirróis por acoplamento de três componentes de um aldeído, uma hidroxilamina e um ciclopropano **75** (Esquema 4.17) [11].

A Figura 4.18 mostra um mecanismo pelo qual uma base geral pode promover a formação de um pirrol deste tipo. Embora o mecanismo apresentado seja representado como um processo E1cb (**I^II**), é inteiramente concebível um mecanismo através de um enol (em vez de um enolato). Também não se pode excluir a eliminação direta de E2 através da ligação C-O. O fecho do anel de **II** para **III** e a subsequente desidratação do hemiaminal **IV** conduzem ao pirrol **8**. Embora seja raro

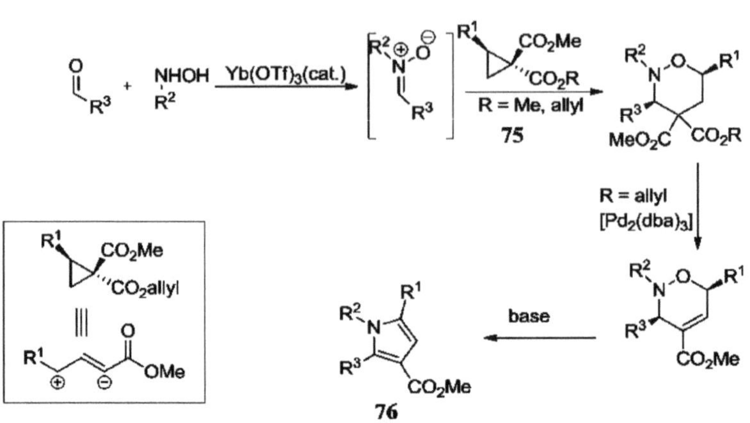

Scheme 4.17. Synthesis of pyrroles.

sinteticamente, este tipo de transformação tem sido relatado como uma reação secundária noutros processos.

Figura 4.18. Mecanismo plausível para a síntese do pirrol.

Yavari et al. estudaram uma síntese simples, num único local, de 3-pirrolina-2-onas altamente funcionalizadas. Assim, a reação dos oxamatos de N-alquilo (ou N-alquilo) de etilo **77** com o dicarboxilato de dimetilacetileno **50** na presença de trifenilfosfina **51 conduz aos** correspondentes N-alquilo (ou N-alquilo) dimetil-3-pirrolin-2-onas-4,5-dicarboxilatos **78 com** rendimentos bastante bons (Esquema 4.19) [12].

A 3-pirrolina-2-ona **78** parece resultar da adição inicial de trifenilfosfina ao éster do ácido acetilénico, seguida da protonação do aduto reativo 1:1 por **77** e, em seguida, do ataque do catião viniltrifenilfosfónio **I pelo átomo de** azoto do anião de **77** para formar o ylide **II, que** é convertido no sistema de anel heterocíclico **78** (Esquema 4.20).

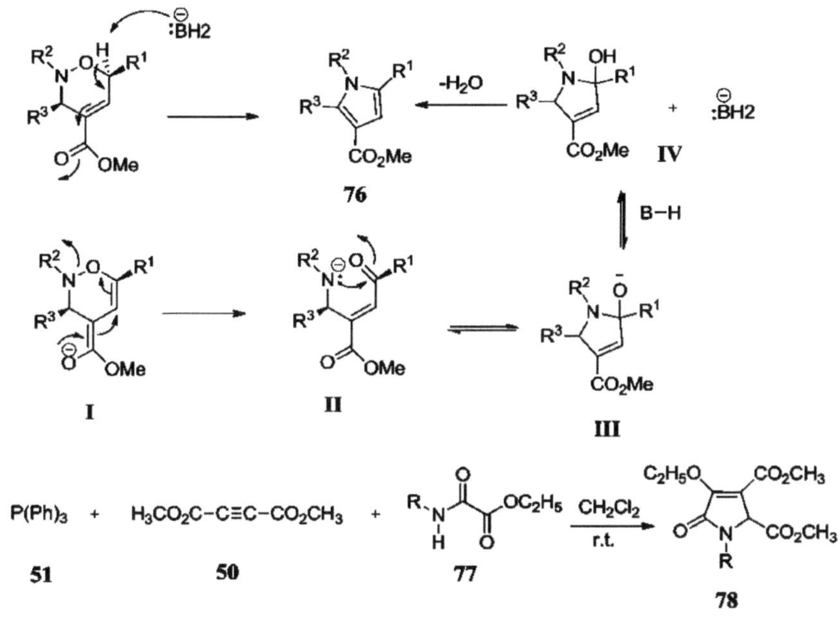

Scheme 4.19. Synthesis of highly functionalized 3-pyrrolin-2-ones.

Yavari et al. relataram em 2013 uma nova síntese de pirróis tetrasubstituídos **81** via ciclização oxidativa tandem-benzílica (Esquema 4.21) [13].

A Figura 4.22 apresenta um possível mecanismo para esta transformação. Começa com a protonação do intermediário zwitteriónico **I**, formado a partir de KCN e **45,** pelo intermediário enaminoéster **80, ele** próprio formado in situ a partir da amina primária **79** e do éster acetilénico **45**, para produzir os intermediários **II** e **III**. Em seguida, o ataque nucleofílico da base conjugada **III** ao intermediário **II** dá origem ao aduto **IV**, que se transforma em **V** através de reacções intramoleculares de transferência de protões. O intermediário **V** é ciclizado intramolecularmente por eliminação do sal **VI para formar VII**, que é convertido no produto desejado **81** por deslocação formal de [1,3]-H e oxidação ao ar.

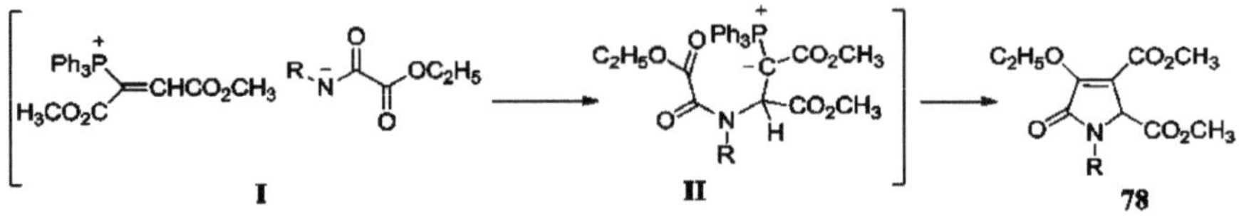

Scheme 4.20. Plausible mechanism for the synthesis of highly functionalized 3-pyrrolin-2-ones.

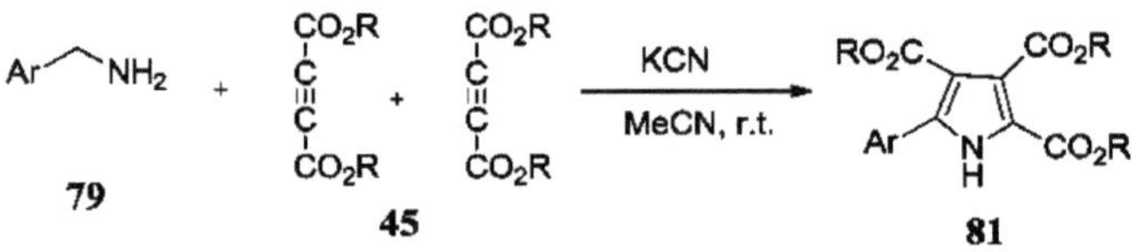

Scheme 4.21. Synthesis of tetrasubstituted pyrroles.

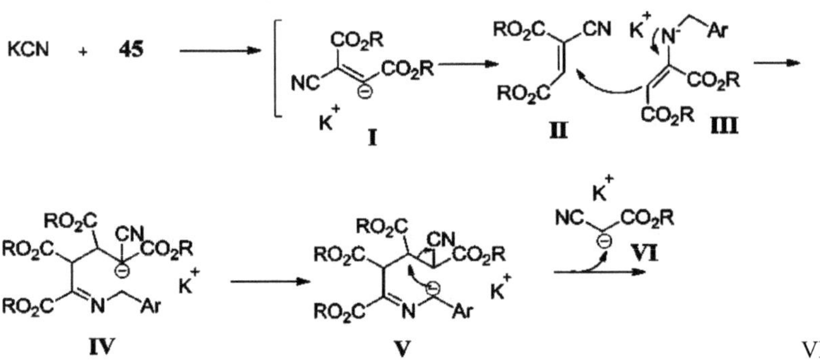

VII.

Esquema 4.22. Mecanismo plausível para a síntese de pirróis tetrasubstituídos.

4.5 Pirrolidina

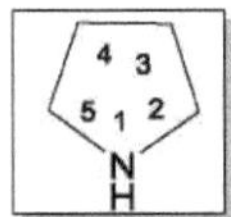

A pirrolidina tem um odor amoniacal caraterístico.

A pirrolidina e as pirrolidinas N-substituídas são produzidas comercialmente por ciclização do tetrahidrofurano com amoníaco ou aminas primárias a 300°C sobre catalisadores de alumina [1].

Em 2017, um método simples e eficiente para a preparação de derivados de pirrolidina-82 altamente funcionalizados foi desenvolvido em um protocolo de reação em cascata de três componentes em um único pote. A reação é mediada por brometo de tetra-n-butilamónio barato e prontamente disponível que

79 + 45 → 80

[1,3]-H shift

air → 81

a sua reatividade e é reciclável, tal como a água enquanto sistema de solventes ecológicos (diagrama 4.23) [14].
Os 1,3-dioxolanos podem ser considerados como acetais ou cetais cíclicos. O anel não é planar e é móvel em termos de conformação. É utilizado como solvente e como comonómero em poliacetais.

Os 1,3-dioxolanos podem ser produzidos por acetalização de aldeídos e cetalização de cetonas com etilenoglicol.

Em 2011, Bayat et al. investigaram uma síntese simples e eficiente de heterociclos de 1,3-dioxol **86** através de uma reação multicomponente num único local de isocianeto de ciclohexilo **42**, um aldeído **49** e glioxal **41a** em diclorometano à temperatura ambiente e sem catalisador. A vantagem deste processo é que a reação

TBAB(1mmol)

84

RCHO + R'NH2 $\xrightarrow{MgSO_4}$ RCH=NR' 83 $\xrightarrow[\text{DABCO (Cat) or Basic } Al_2O_3]{O_2N\text{~~}OMs}$ 85

Scheme 4.24. Synthesis of the pyrrolidines.

4,6 1,3-Dioxolano

COOR $^{H}H_{2}H$ O, 70 °C, até 2 h

1,1 mmol 2,1 mmol 3,4 mmol82

Figura 4.23. Preparação de derivados de pirrolidina altamente funcionalizados.

Em 2014, Baricordi e colegas desenvolveram uma síntese eficiente one-pot de pirrolidinas **85 com base numa** reação de dominó multicomponente entre iminas **83** e metanossulfonato de 3-nitro-1-propanol **84** (Esquema 4.24) [15].

ocorre em condições neutras e que as substâncias podem ser misturadas sem qualquer outra ativação ou modificação (diagrama 4.25) [16].

41a + 2R-N≡C 42 + 2 ArCHO 49 $\xrightarrow[r.t.]{CH_2Cl_2}$ 86

Scheme 4.25. Synthesis of 1,3-dioxole heterocycles.

Com base na química conhecida dos isocianetos, pode presumir-se que, durante a reação, se forma primeiro um intermediário 1,3-dipolar entre o isocianeto de alquilo **42** e o glioxal **41a**, que reage com o grupo carbonilo do aldeído aromático **49** para formar **I**. O intermediário 1,3-dipolar é então convertido em isocianeto de alquilo 42. O intermediário 1,3-dipolar é então convertido em isocianeto de alquilo **42.** Este intermediário é convertido no produto **II** por transferência de protões. O ataque de outro isocianeto de alquilo ao grupo carbonilo de **II** produz **III**, que sofre uma reação de ciclização com outra molécula de aldeído para formar **IV**, que é convertido em **86 por transferência** de protões (figura 4.26).

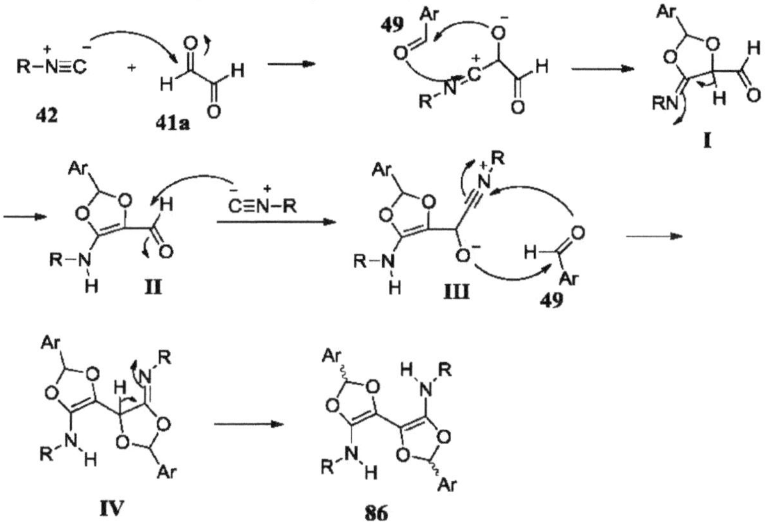

Figura 4.26. Mecanismo plausível para a síntese de heterociclos de 1,3-dioxol.

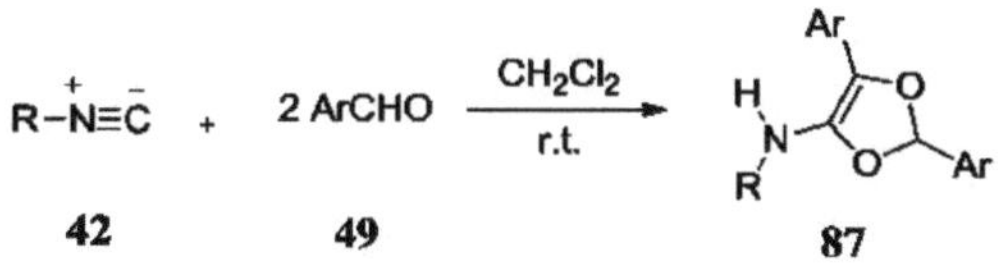

Em 2011, Bayat e colegas também descreveram um processo eficiente para a síntese de N-alquil-2,5-diaril-1,3-dioxol-4-aminas **87** através de uma reação em vaso de aldeídos aromáticos **49** e alquilisocianetos **42** à temperatura ambiente em bons rendimentos (Esquema 4.27) [17].

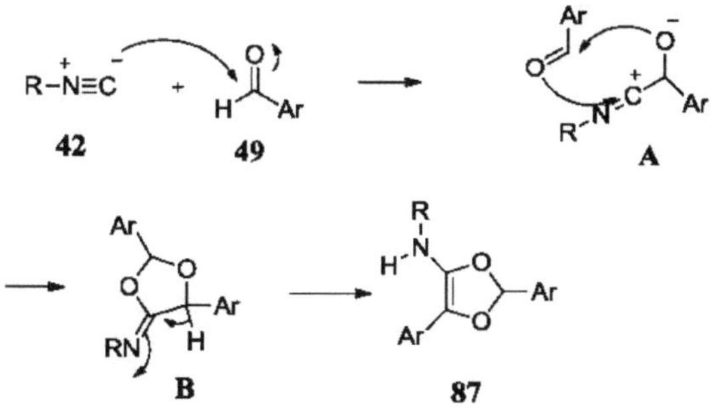

Esquema 4.27. Síntese de N-alquil-2,5-diaril-1,3-dioxol-4-aminas.

Podemos assumir que, durante a reação entre o alquilisocianeto e o aldeído, **se forma primeiro** um produto intermédio 1,3-dipolar **A, que se transforma em B** por adição ao grupo C=O de outra molécula de aldeído.

Esquema 4.28. Mecanismo plausível para a síntese de N-alquil-2,5-diaril-1, 3-dioxol-4-aminas.

Bayat et al (2015) também relataram a síntese de derivados de 1,3-dioxol-4-amina 88 numa reação de um só lote utilizando SiO2 em nanoescala como catalisador heterogéneo. O presente método não utiliza solventes orgânicos ou catalisadores perigosos. A elevada relação superfície/volume das nanopartículas de SiO2 apresenta características promissoras para a reação, tais como um tempo de reação curto, rendimentos bons a excelentes, manuseamento e processamento simples, bem como purificação dos produtos por métodos não cromatográficos (Esquema 4.29) [18].

Esquema 4.29. Síntese dos derivados de 1,3-dioxol-4-aminas.

Com base na química conhecida dos isocianetos, pode assumir-se que, durante a reação, se forma primeiro um produto intermédio 1,3-dipolar **A** entre o isocianeto de alquilo **42** e o aldeído **49**, que é adicionado ao grupo carbonilo de outra molécula de aldeído para formar **B**. O produto intermédio **A é então convertido no produto intermédio B.** Este intermediário é convertido no produto **88** por transferência de protões (figura 4.30).

Figura 4.30. Mecanismo plausível para a síntese de derivados de 1,3-dioxol-4-aminas.

4.7 Oxazol

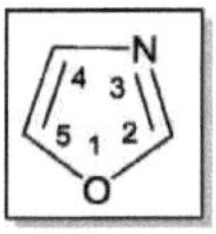

Os oxazóis são compostos aromáticos, mas menos do que os tiazóis. O oxazol é uma base fraca; o seu ácido conjugado tem um pKa de 0,8 em comparação com 7 para o imidazol [1].

Eis alguns métodos de síntese dos oxazóis:

1- Síntese de Robinson-Gabriel

2- Síntese de Blumlein-Lewy

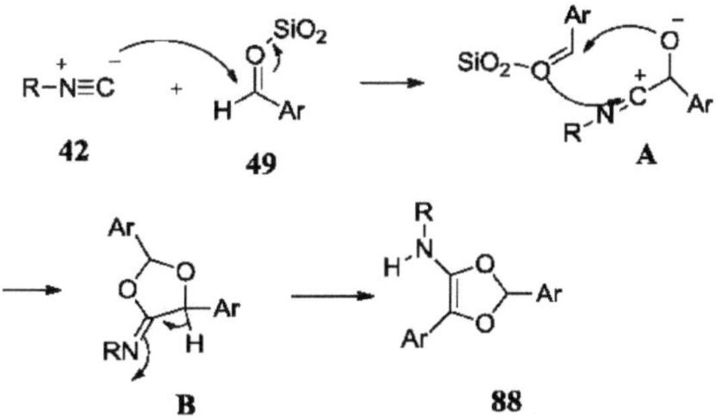

3-

3- Síntese por van Leusen

Maghsoodlou et al. relataram uma reação de três componentes de 2-fluorobenzaldeído **89**, fenantrolina **90** e ciclohexilo ou 2,6-dimetilfenilisocianeto **42**, que conduziu à formação de N-ciclohexil-10-(2-fluorofenil)-8aH-oxazolo[3,*2-a*][1,10]fenantrolina e *N*-(2,6-dimetilfenil)-10-(2-fluorofenil)-*8aH-oxazolo*[3,*2-a*][1,10]fenantrolina **91** (Esquema 4.31) [19].

89 90 42 91

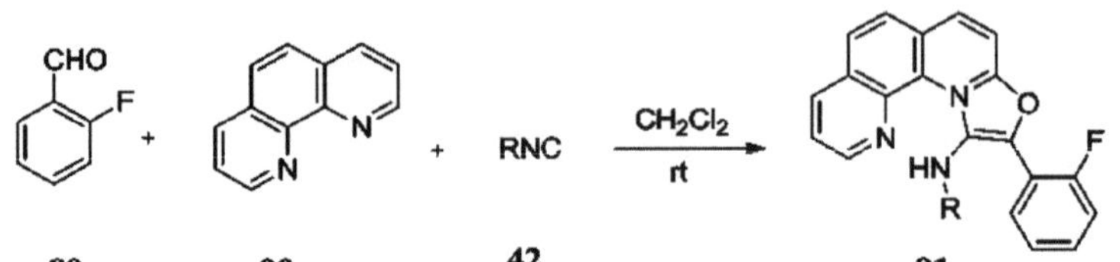

Scheme 4.31. Synthesis of fused oxazoles.

Wang et al. estudaram uma MCR one-pot baseada em isocianeto, que **levou à** síntese de derivados de oxazol **92** (Esquema 4.32) [20].

92

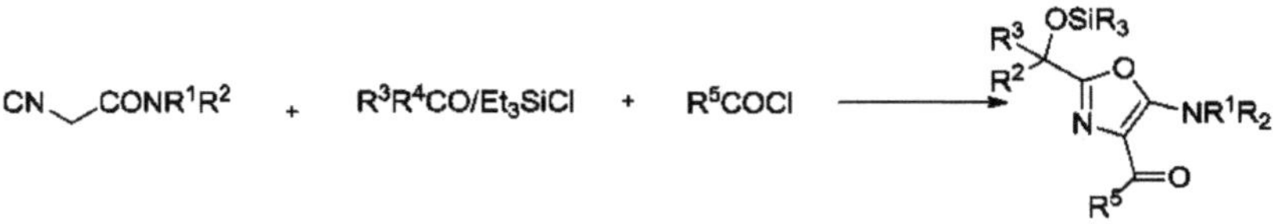

Esquema 4.32. Síntese dos derivados de oxazol.

4.8 Isoxazol

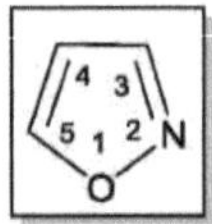

Os anéis isoxazólicos encontram-se em certos produtos naturais, como o ácido iboténico.

Existem dois métodos de síntese dos isoxazóis [1]:

1- Resumo de Claisen

2- Resumo do Quilico

49a 191 94

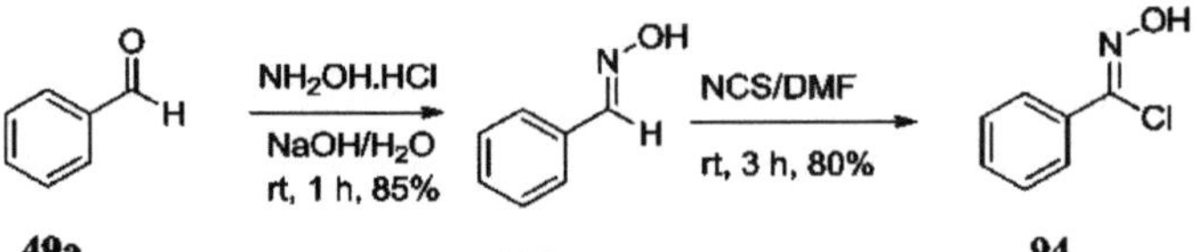

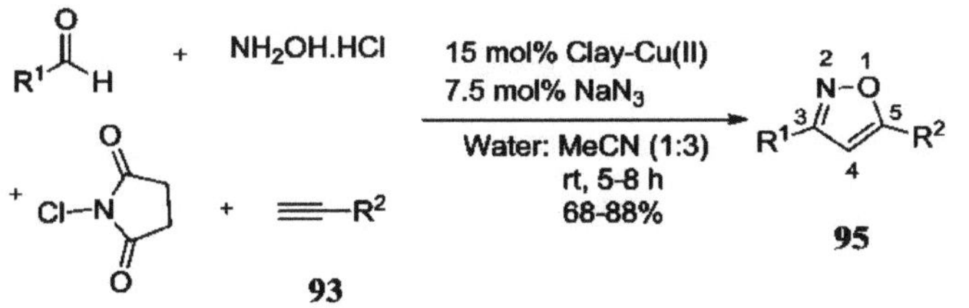

Esquema 4.33. Síntese de isoxazóis 3,5-dissubstituídos.

O mecanismo proposto para este dominó multicomponente pot-au-feu

O protocolo é ilustrado no (diagrama 4.34).

Em 2013, Bharate e colegas desenvolveram uma abordagem simples e eficiente de um único pote multicomponente para a síntese de isoxazóis 3,5-dissubstituídos **95** diretamente a partir dos aldeídos correspondentes e alcinos terminais **93** utilizando um suporte reutilizável de argila montmorilonite com um sistema de catalisador Cu(II)/NaN3 em condições aquosas. A abordagem "Domino" para a RCM de uma só panela envolve a hidroxilaminação de aldeídos, seguida de cloração e subsequente formação de "nitriloxidos" reactivos que sofrem cicloadição 1,3-dipolar com alcinos para produzir isoxazóis 3,5-dissubstituídos. O método é operacionalmente simples, regiosselectivo, económico e tem uma excelente compatibilidade com grupos funcionais para sintetizar isoxazóis estruturalmente diversos com bons rendimentos (Esquema 4.33) [21].

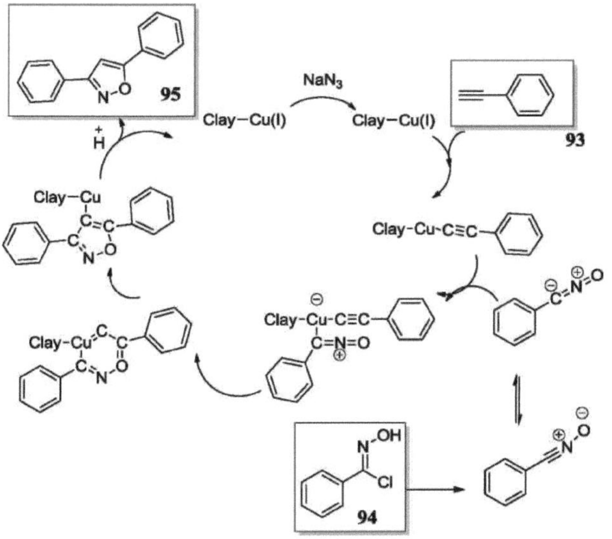

Esquema 4.34. Proposta de mecanismo para a síntese de isoxazóis 3,5-dissubstituídos.

Em 2015, Rajanarendar et al. relataram uma reação em dominó de três componentes e um pote para a síntese de novas tiadiazepinas com um motivo isoxazol **96** incorporado através de uma reação multicomponente catalisada por PTSA não poluente (Esquema 4.35) [22].

Esquema 4.35. Síntese multicomponente de tiadiazepinas com unidades de isoxazol incorporadas.

4.9 Isoxazolidina

Yadav e colaboradores relataram a síntese de isoxazolidinas **100** por cicloadição 1,3-dipolar de nitrões **98**, derivados in situ de aldeídos e aril-hidroxilamina **97**, com olefinas pobres em electrões **99**. A reação é acelerada por líquidos iónicos à base de 1-butil-3-metilimidazoliurnos e obtêm-se rendimentos melhorados de isoxazolidinas com elevada regio- e diastereoselectividade (Esquema 4.36) [23].

Figura 4.36. Síntese de isoxazolidinas.

Em 2013, Granger et al. desenvolveram uma estratégia que compreende um processo de montagem multicomponente do tipo Mannich, seguido de uma cicloadição 1,3-dipolar, para a construção rápida e eficiente de espinhas dorsais heterocíclicas contendo anéis de indol e isoxazolidina **106**. Estes importantes intermediários poderiam então ser facilmente processados utilizando protocolos estabelecidos para refuncionalização e acoplamento cruzado para aceder a uma biblioteca diversificada de 180 membros de novos compostos pentacíclicos e tetracíclicos relacionados com os alcalóides da ioimbina e do corinanto (Esquema 4.37) [24].

Esquema 4.37. Síntese do indol e da isoxazolidina.

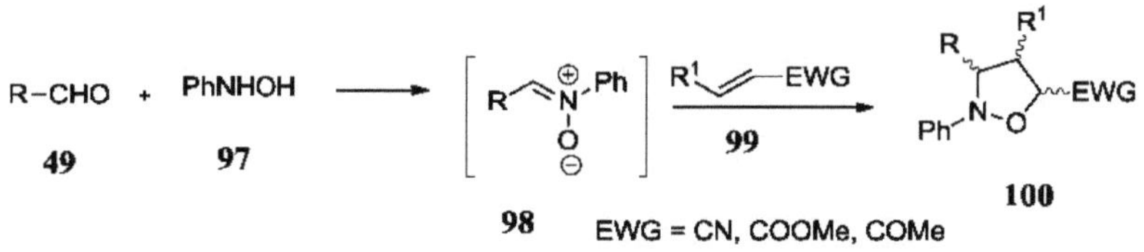

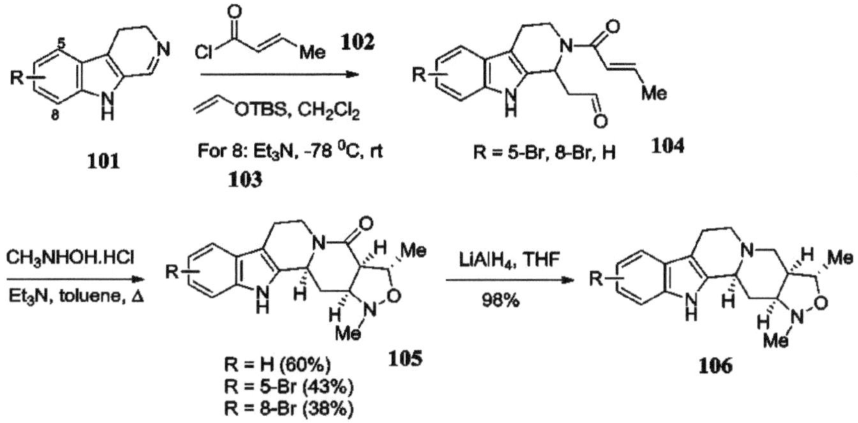

4.10 Tiazóis

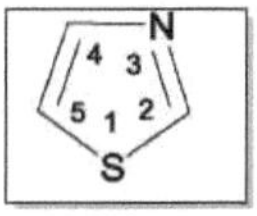

O núcleo de tiazol é mais conhecido como um componente da vitamina tiamina (B1).

Para a síntese dos tiazóis, utilizam-se os mesmos métodos que para a síntese dos oxazóis [1] :

1- Resumo de Hantzsch
2- Síntese de Cook-Heilbron

Em 2016, Hossaini et al. descreveram uma síntese eficiente de 1,3-tiazol-drivados **110** através de uma reação de três componentes a partir de isotiocianatos **107**, tetrametiltioureia **109** e bromopiruvato de etilo **108** (Esquema 4.38) [25].

Esquema 4.38. Síntese de 1,3-tiazol-drivados.

De um ponto de vista mecânico, é concebível que a reação envolva a formação inicial de um intermediário **M** entre **108** e **109, que** gera **N** pela eliminação de HBr de **M.** Este intermediário sofre um ataque nucleofílico em **107** para gerar **O.** Finalmente, a eliminação de **O** pela água produz **110** (diagrama 4.39).

Também em 2016, Deshineni e colaboradores relataram a síntese de uma série de derivados de base de tiazol de Schiff 4-substituídos **116-118** por condensação multicomponente de um pote de derivados de 1-tetralona **111** com tiossemicarbazida **112** e brometos de fenacil 4-substituídos / 3- (2-bromoacetil) *-2H-cromen-2-ona / 2-* (2-

bromoacetil)*-3H-benzo*[*f*]cromen-3-ona **113-115** por aquecimento convencional em etanol absoluto utilizando uma quantidade catalítica de ácido acético em bons rendimentos (esquema 4.40) [26].

H_2O, rt, 8 h

107 **108** **109** **110**

R = Ph, 4-Me-C_6H_4, 4-NO_2-C_6H_4, 4-Br-C_6H_4, 4-Cl-C_6H_4

108 **109** **M** **N** **110**

Esquema 4.39. Mecanismo proposto para a síntese dos trivados de 1,3-tiazol.

Esquema 4.40. Síntese de derivados de tiazóis 4-substituídos.

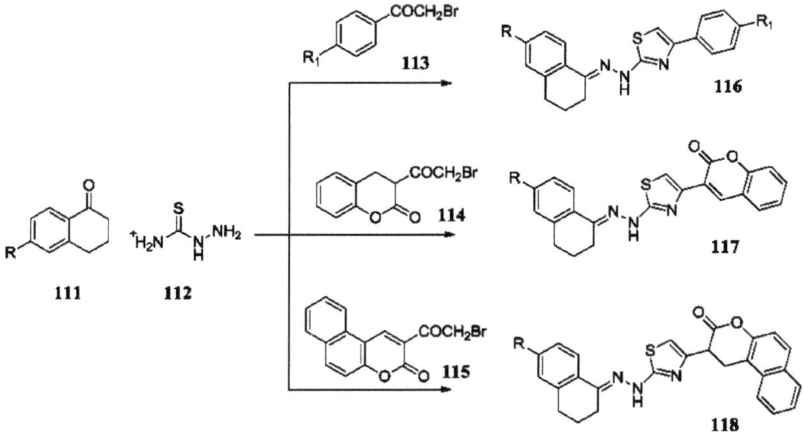

4.11 Imidazol

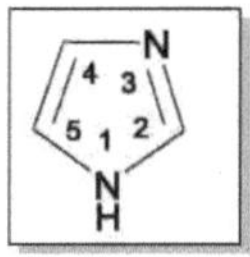

Muitos produtos naturais, nomeadamente os alcalóides, contêm o anel imidazol.

Para além do método de Debus, o imidazol pode ser sintetizado por muitos outros métodos. Muitas destas sínteses podem também ser aplicadas a diferentes imidazóis e derivados de imidazol substituídos, variando os grupos funcionais dos reagentes.

Em 2013, Chen et al. desenvolveram uma rota sintética adequada sem metal para a preparação de derivados de imidazol **120** tri- e 1,2,4,5-tetra-substituídos através de um método MCR promovido por ácido. A reação decorreu sem problemas com uma série de funcionalidades que permitiram a produção de esqueletos de imidazol com rendimentos bons a excelentes (Esquema 4.41) [27].

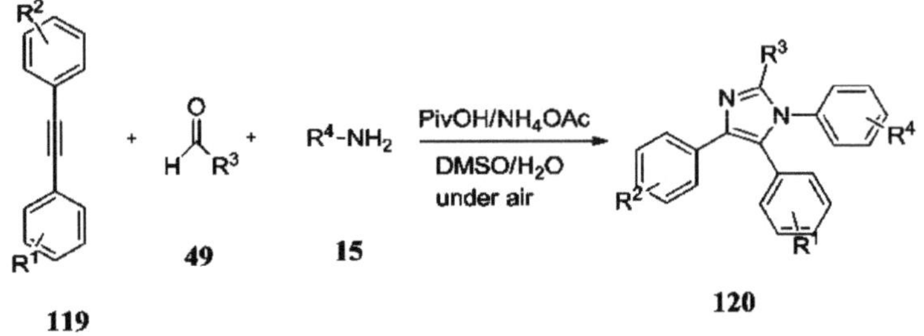

Esquema 4.41. Síntese de derivados imidazólicos 2,4,5-tri e 1,2,4,5-tetra-substituídos.

Em 2014, Sridharan e colaboradores relataram uma síntese elegante de novos trifenilimidazóis **124 de** ácido 1-pirazólico por ciclização de benzil **121** com aldeídos aromáticos **49** na presença de acetato de amónio e aminopirazol **122** para obter fenil-4,5-difenil-imidazol substituído na posição 1 com cianopirazol-2 **123**, seguido de hidrólise ácida (Esquema 4.42) [27].

Esquema 4.42. Síntese de novos trifenilimidazóis do ácido 1-pirazol.

Em 2015, Aly et al. investigaram uma nova síntese one-pot de imidazóis **131, 132** a partir de iminas **125**, cloretos de ácido **126** e N-nosiliminas **129** ou nitrilos ligados **130**. A reação é mediada pelo fosfonito PPh(catequilo) **127** e procede por cicloadição regiosselectiva com um fosfa-munhão-1,3-dipolo **128** gerado in situ. Esta é uma forma eficiente de formar imidazóis policíclicos e altamente substituídos diretamente a partir de substratos disponíveis, sem catalisadores metálicos e com acesso à diversidade de produtos (Esquema 4.43) [28].

Esquema 4.43. Síntese de imidazóis.

4.12 Imidazolidina

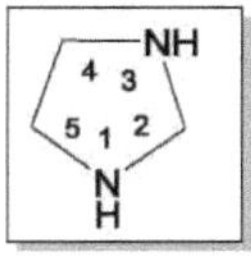

As imidazolidinas também podem ser consideradas como aminais cíclicos. Delas derivam alguns compostos oxo interessantes.

As imidazolidinas são tradicionalmente produzidas por uma reação de condensação de 1,2-diaminas e aldeídos.

Em 2016, Bayat et al. descreveram a síntese one-pot e multicomponente de derivados de benzo[g]imidazo[1,2-a]quinolona-6,11-diona **138 em** rendimentos bons a altos a partir de materiais de partida prontamente disponíveis, como etilenodiamina **133a**, 1,1-bis(metiltio)-2-nitroeteno **134**, 2-hidroxi-1,4-naftoquinona **135** e aldeídos aromáticos **49**. Este protocolo tem a vantagem de ser simples de implementar, de oferecer condições de reação suaves e de permitir um bom acesso às estruturas policíclicas condensadas ligadas aos heterociclos bioactivos (Figura 4.44) [29].

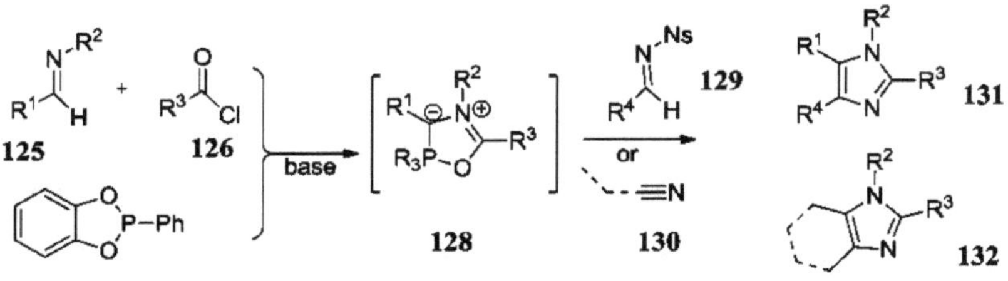

Em primeiro lugar, a adição da etilenodiamina **133a** ao 1,1-bis(metiltio)-2-nitroeteno **134 conduz à** formação do aminal-ceteno **136**, enquanto a condensação de Knoevenagel entre o aldeído e a 2-hidroxi-1,4-naftoquinona **135** dá origem ao produto intermédio **137**. O aminal-ceteno **136** é então adicionado ao aduto de Knoevenagel **137 para dar o** produto intermédio **A**, que sofre tautomerização sucessiva de imina-enamina, seguida de adição nucleofílica do grupo amino secundário ao grupo carbonilo mais reativo para dar o produto **138**. O produto intermédio **A** pode ser potencialmente ciclizado de duas formas. A análise dos dados espectrais mostrou que o produto **139** da via B não se formou (o desvio químico do carbono carbonílico para **139** está especialmente protegido por mais de 190 ppm) e a reação de quatro componentes descrita mostra uma forte regiosselectividade para a formação do produto **138** (Esquema 4.45).

Esquema 4.44. Síntese de derivados de benzo[g]imidazo[1,2-a]quinolona-6,11-diona.

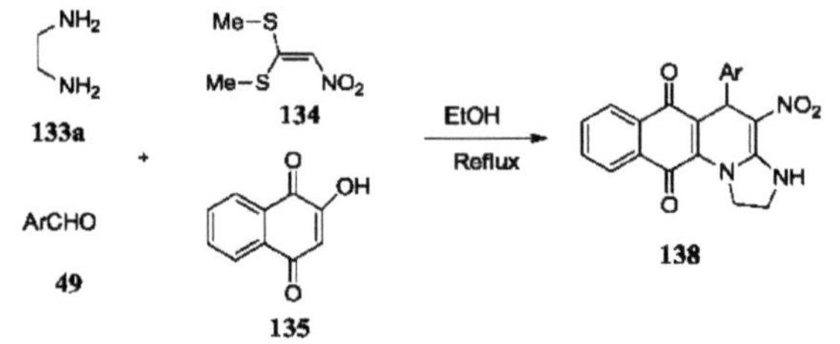

Esquema 4.45. Mecanismo proposto para a síntese de derivados de benzo[g]imidazo[1,2-a]quinolona-6,11-diona.

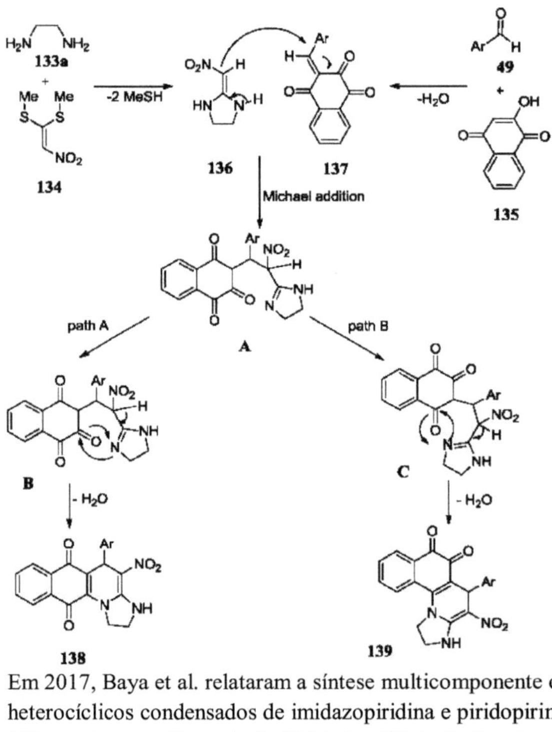

Em 2017, Baya et al. relataram a síntese multicomponente de um pote de sistemas heterocíclicos condensados de imidazopiridina e piridopirimidina **142** a partir de diaminas **133** prontamente disponíveis, l,l-bis (metiltio) -2-nitroeteno **134**, cianoacetohidrazida **140** e aldeídos aromáticos **49 em** rendimentos bons a altos. As vantagens deste protocolo são a facilidade de implementação, condições de reação suaves, a ausência de um catalisador e a possibilidade de obter estruturas heterocíclicas condensadas (Figura 4.46) [30].

Esquema 4.46. Síntese de sistemas heterocíclicos de imidazopiridinas condensadas.

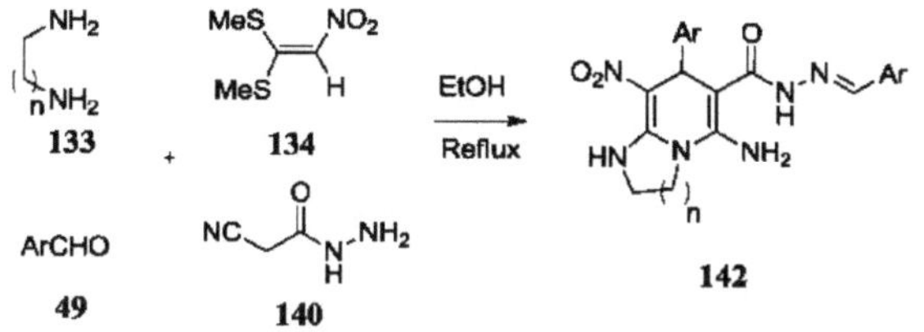

O Esquema 4.47 apresenta um mecanismo plausível para a formação de **142** com base na química do 1,1-bis(metiltio)-2-nitroeteno. Em primeiro lugar, a reação entre a diamina **133a** e o 1,1-bis(metiltio)-2-nitroeteno **134** dá origem ao nitroceteno aminal **136**, enquanto a condensação da cianoacetohidrazida **140** com o aldeído **49** dá origem ao aduto **141**. O nitroceteno aminal **136** e o aduto **141** sofrem então uma adição de Michael para formar o intermediário **D**, que sofre tautomerizações sucessivas de imina-enamina, seguidas de adição nucleofílica do grupo amino secundário ao grupo ciano, conduzindo à formação de **142**.

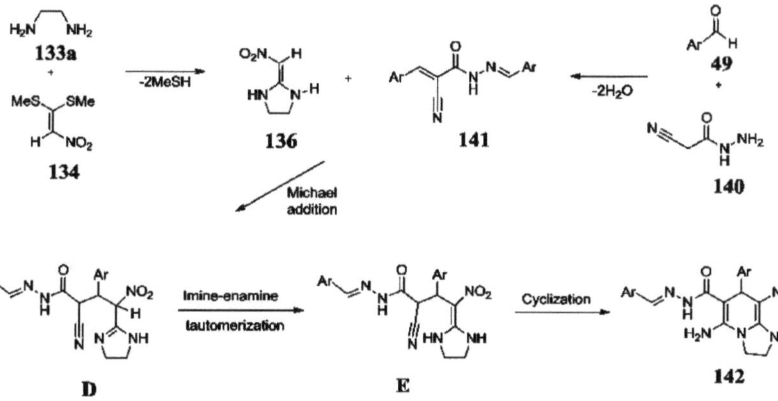

Esquema 4.47. Mecanismo plausível para a síntese de sistemas heterocíclicos condensados de imidazopiridina.

Em 2017, Bayat e colaboradores descreveram uma síntese one-pot e multicomponente de derivados heterocíclicos condensados de imidazopiridina **145** a partir de materiais de partida prontamente disponíveis, como diaminas **133**, 1,1-bis (metiltio) -2-nitroeteno **134**, 1,3-indanediona **143** e aldeídos aromáticos **49**, em excelentes rendimentos (Esquema 4.48) [31].

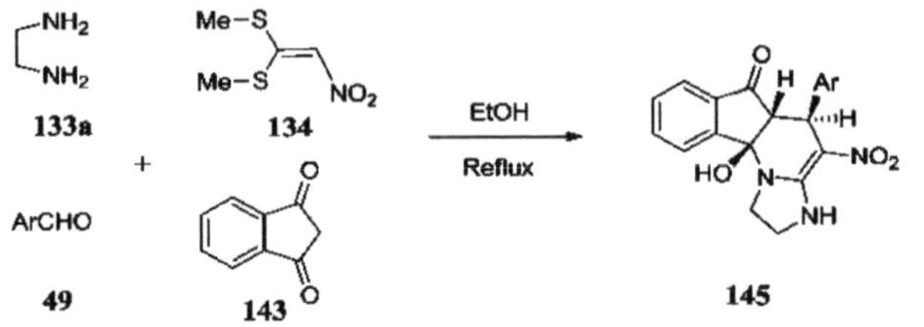

Esquema 4.48. Síntese de derivados heterocíclicos condensados de imidazopiridina.

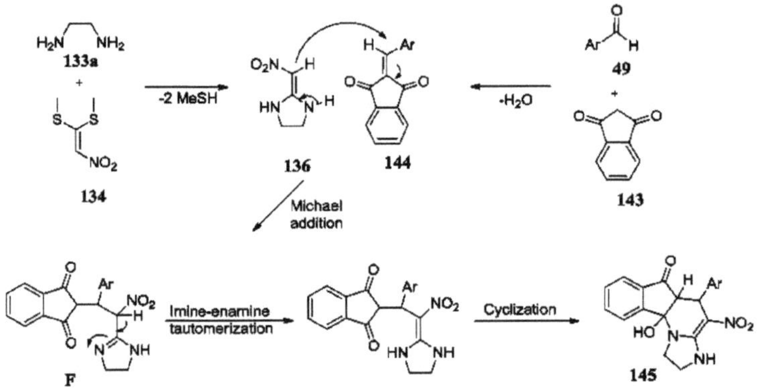

O Esquema 4.49 apresenta um mecanismo plausível para a formação dos sistemas cis-indenohidropiridina **145**, baseado na química estabelecida do 1,1-bis(metiltio)-2-nitroeteno. O processo representa uma reação em cascata típica, na qual a reação entre a diamina **133a** e o 1,1-bis(metiltio)-2-nitroeteno **134** conduz ao nitroceteno aminal **136**. Na segunda etapa, a 1,3-indanodiona **143 é** condensada com o aldeído **49** para dar origem ao aduto de Knoevenagel **144**. O componente aminal nitroceteno **136** e o aduto de Knoevenagel **144** sofrem, em seguida, uma adição de Michael para formar o intermediário **F**, que **conduz à** formação do produto **145** por tautomerização sucessiva da imina e da enamina, seguida da adição nucleofílica do grupo amino secundário ao grupo carbonilo.

Esquema 4.49. Mecanismo plausível para a síntese de derivados de imidazopiridina.

4.13 Pirazol

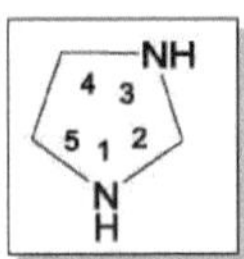

Os medicamentos que contêm um anel de pirazol são o celecoxib (Celebrex) e o esteroide anabolizante estanozolol.

Existem muitas sínteses de pirazóis. Duas delas são particularmente versáteis e muito difundidas [1].

1- A hidrazina e as alquil-hidrazinas ou aril-hidrazinas são ciclocondensadas com compostos de 1,3-dicarbonilo para formar pirazóis.

2- A cicloadição 1,3-dipolar de diazoalcanos em alcinos conduz a pirazóis

Em 2016, Mahdavi e colegas descreveram um método eficiente para aceder a novos pirazóis, 5-amino-1-aril-3-(arilamino)-1H-pirazol-4-carbonitrilo.

Derivados **150**, por reação, promovida por iodo, de N,2 diaril-hidrazinacarbotioamidas **148** (preparadas a partir de aril-hidrazinas **146** e arilisotiocianatos **147**) e malononitrilo **149** em *N,N-dimetilformamida* a 80°C (Esquema 4.50) [32].

Esquema 4.50. Síntese do 5-amino-1-aril-3-(arilamino) -1H-pirazol-4-carbonitrilo.

A reação é iniciada pela desprotonação de **148** com trimetilamina, seguida de iodação em enxofre para obter o produto intermédio **I**, e uma segunda iodação em enxofre para obter o produto intermédio **II**, que liberta enxofre e dá o derivado carbodiimida N-[(2-aril-hidrazono)metil-en]anilina **III**. O intermediário **III** é atacado pelo anião malononitrilo para dar **IV** e, finalmente, a ciclização intramolecular de **IV** dá origem ao intermediário **V**, **que** tautomeriza no produto **150** (esquema 4.51).

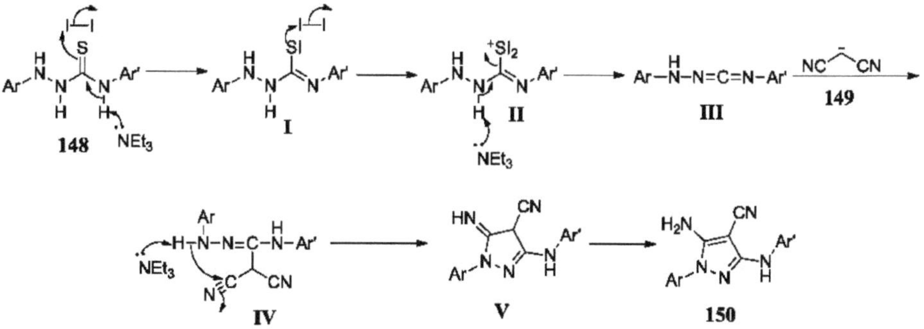

Esquema 4.51. Mecanismo proposto para a síntese de derivados de 5-amino-1-aril-3-(arilamino)-*1H*-.
pirazol-4-carbonitrilo.

Em 2016, Heravi et al. relataram uma nova síntese one-pot de pirazolo[41,31:5,6]pirido[2,3-d]pirimidinedionas **154**, que foi alcançada através de um sistema de cinco componentes

Ar–NHNH$_2$ + Ar'–NCS $\xrightarrow[NEt_3]{Et_2O/rt/2h}$ **148** $\xrightarrow[I_2,\ NEt_3,\ DMF/\ 80\ °C/1\text{-}2\ h]{NC\frown CN\ 149}$ **150**

146 **147**

reação envolvendo hidrato de hidrazina **151**, acetoacetato de etilo **152** e ácido 1,3-dimetilbarbitúrico **40a**, um arilaldeído adequado **49** e acetato de amónio, catalisada por catálise heterogénea e homogénea em água (Esquema 4.52) [33].

Esquema 4.52. Síntese de pirazolo[41,31:5,6]pirido[2,3-d]pirimidina-dionas.

O mecanismo proposto para a reação de cinco componentes utilizando um catalisador de nano-ZnO está resumido na Figura 4.53.

A Figura 4.54 resume o mecanismo proposto para a reação de cinco componentes com a L-prolina.

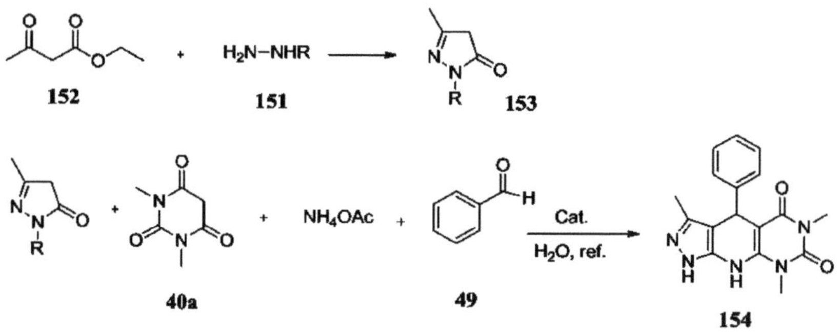

47

Esquema 4.53. Mecanismo proposto para a síntese de pirazolo[41,31:5,6]pirido[2,3- d]pirimidina-dionas usando o nano-catalisador ZnO.

Esquema 4.54. Mecanismo proposto para a síntese de pirazolo[41,31:5,6]pirido[2,3- d]pirimidina-dionas utilizando L-prolina.

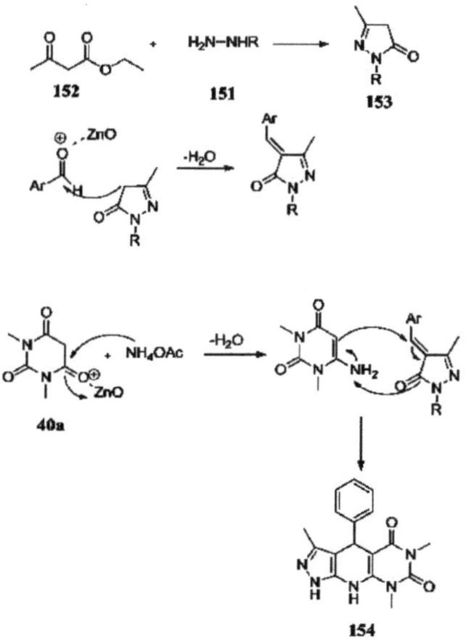

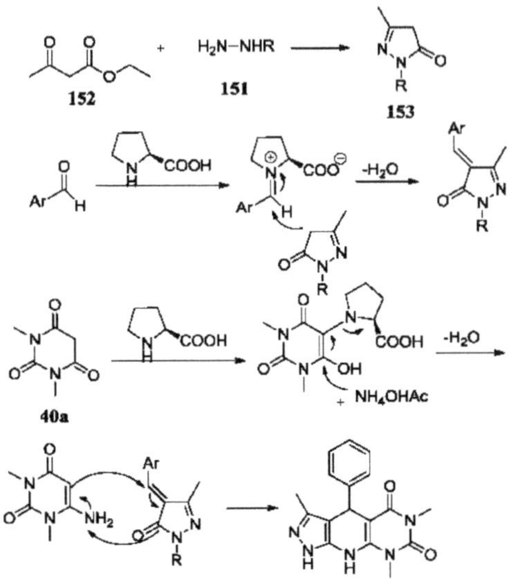

Em 2016, Saha e seus colegas demonstraram um protocolo simples de um pote e multicomponente para a síntese de derivados bioativos de pirano [2,3-c] pirazol e benzilpirazolil cumarina usando nanopartículas de ZrO2 como catalisador à temperatura ambiente. As reacções foram muito rápidas e muito produtivas. A atividade catalítica e o plano tetragonal das nanopartículas de ZrO2 permaneceram inalterados após o décimo ciclo (figura 4.55) [34].

Esquema 4.55. Síntese de derivados bioactivos de pirano[2,3-c]pirazol e benzilpirazolil cumarina.

4.14 4,5-dihidropirazol

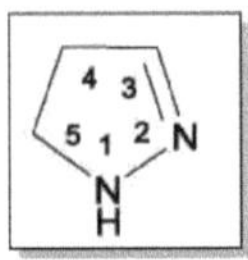

A síntese padrão do 4,5-dihidropirazol é a ciclocondensação da hidrazina ou das alquil-hidrazinas ou aril-hidrazinas com compostos carbonílicos *a,^-insaturados*.

Em 2012, Li et al. descreveram um processo eficiente para a síntese de 2-(3,5-diaril-4,5-dihidropirazol-1-il)-1,3,4-tiadiazóis **158** por condensação one-pot de três componentes de 1-(1,3,4-tiadiazol-2-il)hidrazinas **157**, acetofenonas **156** e aldeídos aromáticos **49**. As vantagens deste protocolo são as condições suaves, o elevado rendimento e a facilidade de processamento (Esquema 4.56) [35].

Esquema 4.56. Síntese dos 2-(3,5-diaril-4,5-dihidropirazol-1-il)-1,3,4-tiadiazóis.

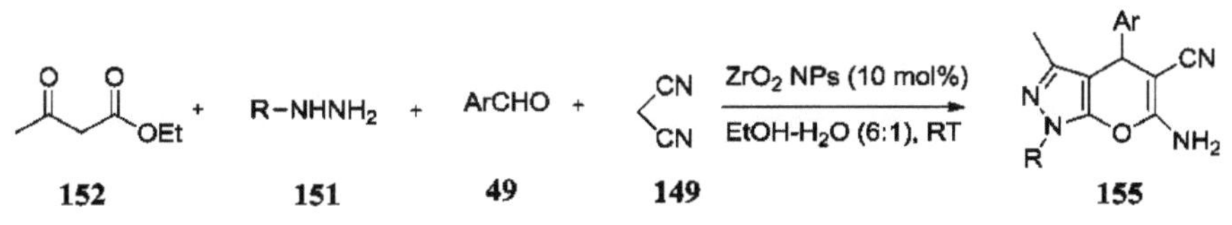

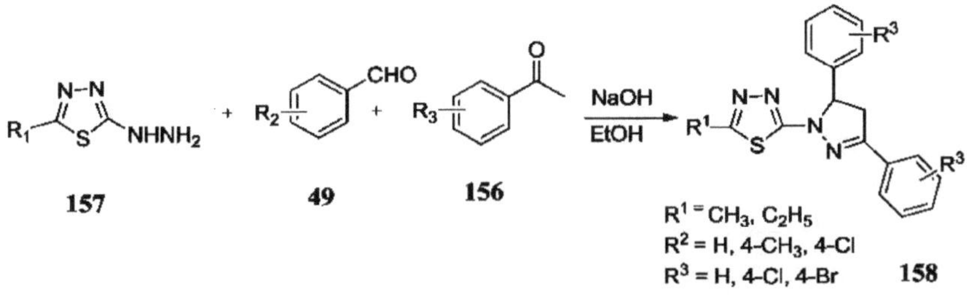

Em primeiro lugar, a condensação de aldol catalisada por hidróxido de sódio da acetofenona **156** com o aldeído aromático **49** conduz à chalcona **A**. Em seguida, a chalcona **A** sofre uma reação de 1,4-adição com 1-(5-alquil-1,3,4-tiadiazol-2-il)hidrazina **157** **para** produzir o intermediário **B**, que se torna o produto final **158** por ciclização intramolecular (esquema 4.57).

Esquema 4.57. Mecanismo proposto para a síntese de 2-(3,5-diaril-4,5-dihidropirazol-1-il)-1,3,4-tiadiazóis.

4.15 1,3,4-oxadiazol

Em 2011, Ramezani e colaboradores relataram a síntese de uma nova classe de derivados 1,3,4-oxadiazóis dissubstituídos **163** através de uma nova condensação de quatro componentes de acetaldeído **159**, uma amina secundária **160**, ácido (*E*)-cinâmico **161** e (N-isocanimino)trifenilfosforano **162** em excelentes rendimentos em condições neutras (Esquema 4.58) [36].

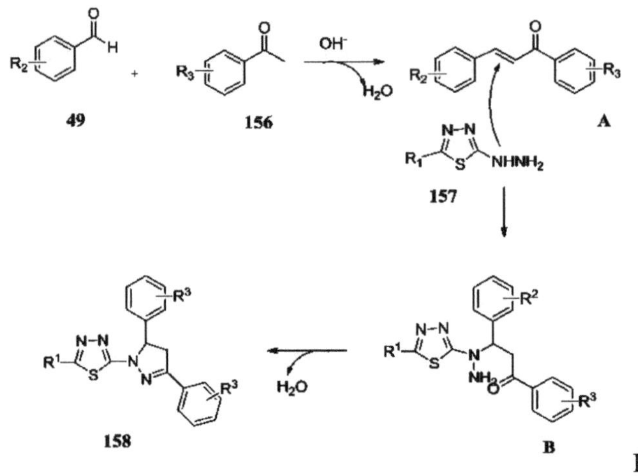

É concebível que a primeira fase **seja** a condensação do acetaldeído **159**, da amina secundária **160** e do ácido (*E*)-cinâmico **161** num ião imínio I. A adição nucleofílica do fosforano **162** ao ião imínio **I** dá origem ao intermediário nitrilo **II**. Este intermediário pode ser atacado pela base conjugada do ácido **161 para formar** o aduto 1:1:1 **III**. Este aduto pode sofrer uma reação intramolecular de Aza-Wittig da unidade iminofosforano com o grupo carbonilo do éster para formar o 1,3,4-oxadiazol **163** 2,5-dissubstituído, após remoção do óxido de trifenilfosfina do produto intermédio **IV** (esquema 4.59).

Esquema 4.58. Síntese de uma nova classe de derivados dissubstituídos do 1,3,4-oxadiazol.

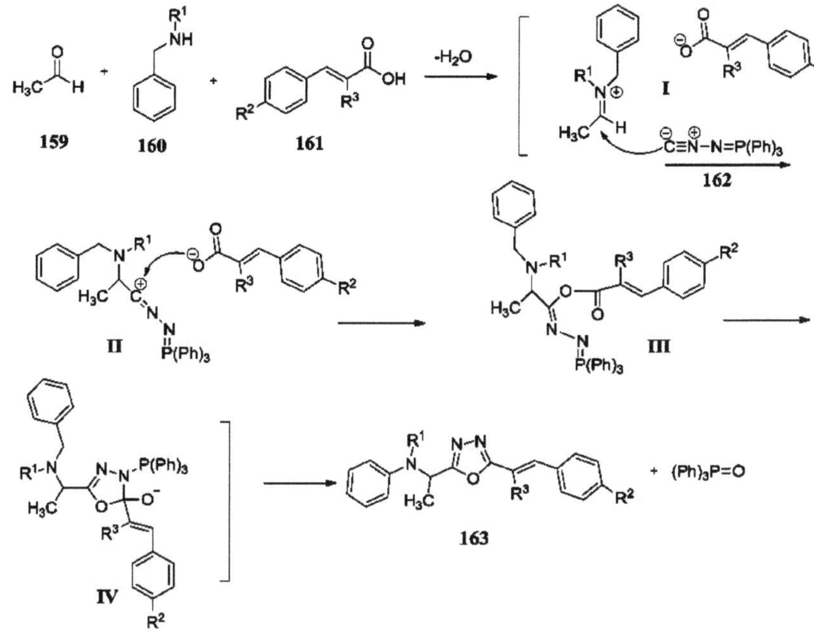

Esquema 4.59. Mecanismo plausível para a síntese de derivados 1,3, 4-oxadiazóis dissubstituídos.

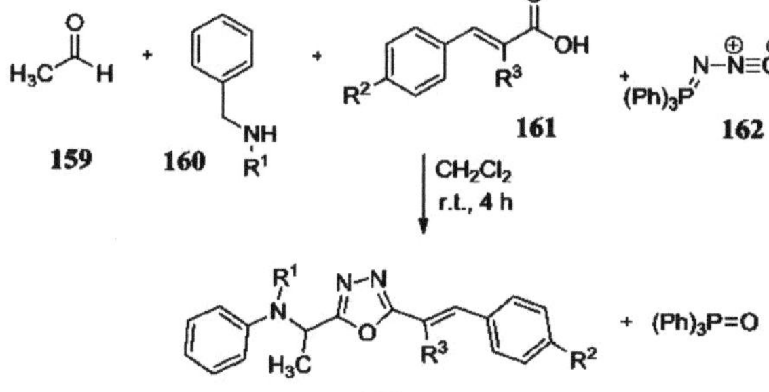

Em 2015, Shajari et al. desenvolveram uma reação de três componentes de derivados de ácido benzoico, (N-isocanimino)trifenilfosforano e isocianato de tricloroacetilo numa proporção de 1:1:1 em CH3CN à temperatura ambiente, que formou os derivados de 5-aril-N-(tricloroacetilo)-1,3,4-oxadiazol-2-carboxamida em alto rendimento. A reação decorreu de forma suave e limpa em condições de reação moderadas e não foram observadas reacções secundárias (Esquema 4.60) [37].

Esquema 4.60. Síntese de derivados de 5-aril-N-(tricloroacetil)-1,3, 4-oxadiazol-2-carboxamida.

A adição nucleofílica do (N-isocianimino)trifenilfosforano **162** ao isocianato de tricloroacetilo **164,** facilitada pela sua protonação com o ácido carboxílico **165**, conduz ao intermediário nitrilo **I**. Este intermediário pode ser atacado pela base conjugada do ácido carboxílico para formar o aduto II. Este intermediário pode ser atacado pela base conjugada do ácido carboxílico para formar o aduto **II.** O aduto **II** pode sofrer uma reação intramolecular de Aza-Wittig da unidade iminofosforano com o éster carbonílico para formar os derivados 5-aril-N-(tricloroacetil)-1,3,4-oxadiazol-2-carboxamida **166** por eliminação do óxido de trifenilfosfina do intermediário **III** (esquema 4.61).

Esquema 4.61. Mecanismo proposto para a síntese de derivados de 5-aril-N-(tricloroacetil)-1,3, 4-oxadiazol-2-carboxamida.

$ArCO_2H$ (**165**) + $Ph_3P{=}N{-}N{\equiv}C$ (**162**) + $CCl_3C(O)N{=}C{=}O$ (**164**) $\xrightarrow[\text{r.t., 24 h}]{CH_3CN}$ **166** + Ph_3PO

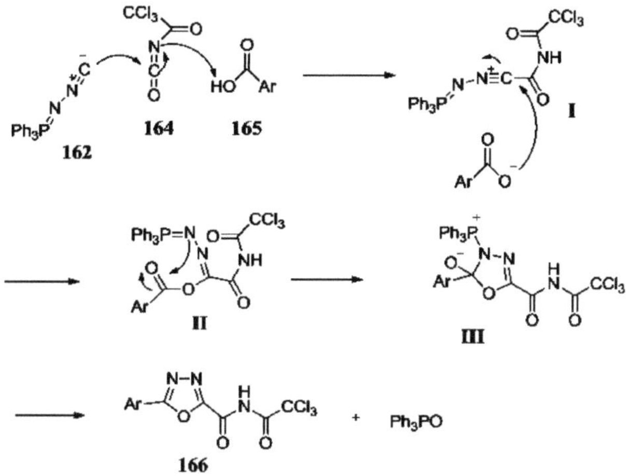

Em 2012, relataram também a síntese de derivados de *N,N-dibenzil-1-*(5-aril-1,3,4-oxadiazol-2-il)ciclobutilamina **169** através da reação de quatro componentes da ciclobutanona **167**, dibenzilamina **168** e O (isocianoimino)trifenilfosforano **162** na presença de ácidos carboxílicos aromáticos processa-se sem problemas e com rendimentos elevados à temperatura ambiente em condições neutras (Esquema 4.62) [38].

O intermediário de imina produzido pela reação da ciclobutanona **167** e da dibenzilamina **168 é** protonado com o ácido carboxílico aromático **165 para produzir o** intermediário de imínio **A**.

O (isocianoimino)trifenilfosforano **162** ao ião imínio **A** dá origem a um intermediário nitrilo **B**. O intermediário **B** pode ser atacado pelo anião carboxilato para formar um aduto **C**. O aduto **C** pode sofrer uma reação intramolecular de Aza-Wittig de uma unidade de iminofosforano com o grupo carbonilo do éster para dar derivados de 1,3,4-oxadiazol **169** pela remoção do óxido de trifenilfosfina do intermediário **D** (esquema 4.63).

Esquema 4.62. Síntese de derivados de *N,N-dibenzil-1-*(5-aril-1,3,4-oxadiazol-2-il) ciclobutilamina.

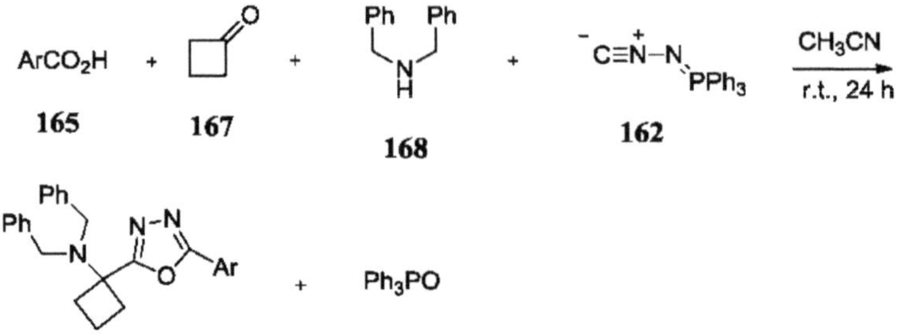

Esquema 4.63. Mecanismo plausível para a síntese de derivados de *N,N-dibenzil-1*-(5-aril-1,3, 4-oxadiazol-2-il)ciclobutilamina.

4.16 1,2,4-oxadiazol

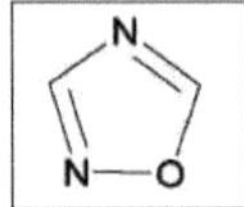

Adib et al. sintetizaram 1,2,4-oxadiazóis **173** a partir de uma reação unipotente de três componentes entre nitrilos **170**, hidroxilamina **171** e aldeídos **49**, sob irradiação de micro-ondas e em condições sem solventes, com excelente rendimento (Esquema 4.64) [39].

Em 2015, Dar et al. desenvolveram uma abordagem simples e eficiente para a síntese de **174** 1,2,4-oxadiazóis 3,5-dissubstituídos diretamente a partir de

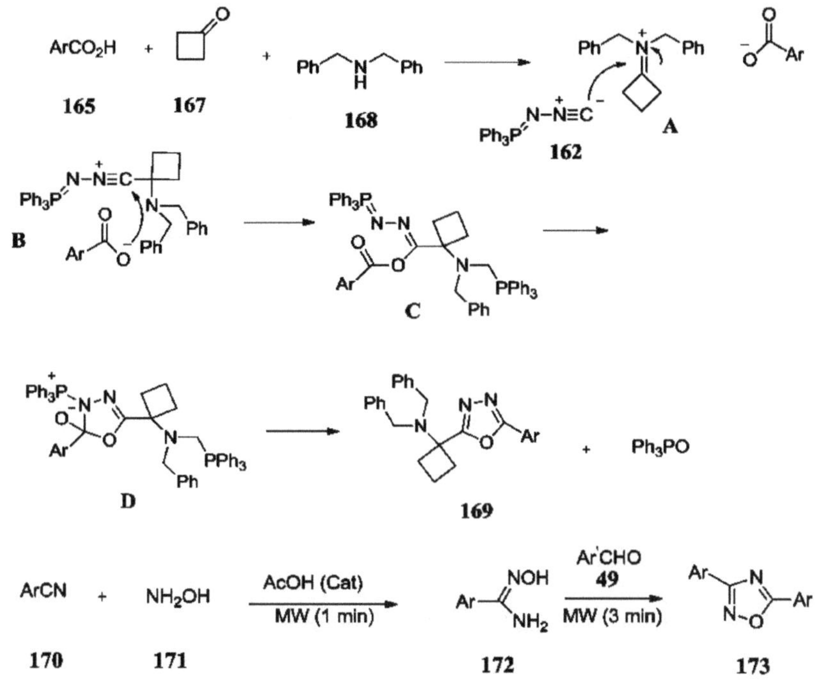

Scheme 4.64. Synthesis of 1,2,4-oxadiazoles.

55aldeídos **49** e a correspondente amidoxima **172** utilizando um sistema de catalisador reciclável KF-Al2O3 em condições isentas de solventes. A abordagem "dominó" de três componentes envolve a hidroxilaminação do benzonitrilo **170** em amidoxima **172**, seguida de uma cicloadição 1,3-dipolar com um aldeído para produzir 1,2,4-oxadiazóis **174** 3,5-dissubstituídos. O método é operacionalmente simples, regiosselectivo, económico e tem uma excelente compatibilidade com grupos funcionais para produzir 1,2,4-oxadiazóis estruturalmente diferentes com bons rendimentos (Esquema 4.65) [40].

Esquema 4.65. Síntese de 1,2,4-oxadiazóis 3,5-dissubstituídos.

4.17 1,2,3-Triazol

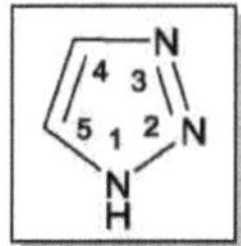

1.2.3- O triazol tem uma estrutura surpreendentemente estável em comparação com outros compostos orgânicos com três átomos de azoto adjacentes. É utilizado na investigação como um bloco de construção para compostos químicos mais complexos, incluindo agentes farmacêuticos como o tazobactam.

Os 1,2,3-triazóis substituídos podem ser preparados utilizando a cicloadição azida-alquina-Huisgen, na qual uma azida e um alcino sofrem uma reação de cicloadição 1,3-dipolar.

CN + $NH_2OH.HCl$ → (KF/Al_2O_3, MW) → N-OH / NH_2 → (49, KF/Al_2O_3 MW) → N-O / N / R

170 **171** **172** **174**

Em 2011, Alonso et al relataram a síntese multicomponente por clique de 1,2,3-triazóis **178** a partir de epóxidos **175** em água, catalisada por nanopartículas de cobre em carvão ativado. O catalisador é fácil de preparar, reutilizável com uma baixa carga de cobre (0,5 mol%) e apresenta uma atividade catalítica mais elevada do que algumas fontes de cobre disponíveis no mercado. A regioquímica e a estereoquímica da reação foram revistas e claramente demonstradas utilizando a análise cristalográfica de raios X. Foi efectuada uma experiência de RMN para determinar rápida e claramente a regioquímica do processo. Alguns
Os aspectos mecanísticos da reação também foram estudados, revelando o envolvimento do acetilureto cuproso (I) (figura 4.66) [41].

R^1 (epóxido) **175** + NaN_3 **176** + ≡—R^2 **177** → (0.5 mol% CuNPs/C, H_2O, 70 °C) → HO, R^1, R^2, N, N, N; R^1 = alkyl **178**; HO, R^1, R^2, N, N, N; R^1 = alyl

Figura 4.66. Síntese de clique multicomponente de 1,2,3-triazóis.

Em 2012, Wan et al. sintetizaram derivados de 1,2,3-triazol **180** através de uma reação de três componentes num único frasco entre halogenetos orgânicos **179**, alcinos aromáticos **177** e azida de sódio **176 na** presença de um catalisador NHC-Cu(I) imobilizado em 0,5 mol% de sílica. O catalisador mostrou uma elevada atividade catalítica e 1,4 regiosselectividade para a cicloadição de Huisgen [3 + 2] em água como solvente verde. Este processo tem a vantagem de não ter de manipular as azidas orgânicas, uma vez que estas são produzidas in situ. A reação tem uma vasta gama de aplicações e foram obtidos rendimentos bons a excelentes. O catalisador foi reciclado seis vezes sem qualquer perda significativa de atividade (figura 4.67) [42].

Esquema 4.67. Síntese de derivados de 1,2,3-triazol.

Cl + NaN_3 + → SiO_2-NHC-Cu(I), solvent → N N N

179 **176** **177** **180**

57

4.18 1,2,4-Triazol

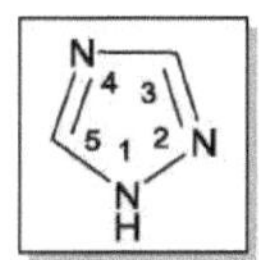

1.2.4- Os derivados do triazol são utilizados numa grande variedade de aplicações, principalmente como agentes antifúngicos, como o fluconazol e o itraconazol.

A maioria das sínteses de 1,2,4-triazóis começa, por exemplo, com hidrazina ou hidrazinas substituídas [1] :

1- Resumo do Unicórnio-Brunner

2- Síntese de Pellizzari

Em 2013, Tam et al. investigaram um processo multicomponente (reator único) para a síntese de 1-aril-1,2,4-triazóis **183**. Nesta transformação, o 1,2,4-triazol foi preparado diretamente a partir de anilinas, aminopiridinas e pirimidinas **182**. [15]As possibilidades de reação foram estudadas com 21 substratos diferentes e a posição dos átomos de azoto no anel recém-formado foi determinada por marcação com N e espetroscopia de RMN (Figura 4.68) [43].

Esquema 4.68. Síntese de 1-aril-1,2,4-triazóis.

O mecanismo de ciclização para formar 1,2,4-triazol pode ocorrer por duas vias, como se mostra no Esquema 4.69. Não foi possível isolar os intermediários de condensação (como **I** e **II**) e os seus pesos moleculares não foram observados por LCMS, indicando que a ciclização é praticamente imediata. [15]Para identificar a via de reação operacional, foi realizada uma experiência com tosilamidoxima marcada com azoto e os resultados estão resumidos no Esquema 4.69. [15]Quando, na via **A,** o grupo amino menos substituído marcado com azoto na tosilamidoxima **181** é condensado com imidato e a ciclização tem lugar, forma-se o produto triazol

NH_2 **181**
Me NOTs
$HC(OEt)_3$
(singel reactor)
NH_2
182
R = *ortho*
para
EWG
EDG
nitrogen
Me
183

183 seria observado. Por outro lado, se na via **B** o átomo de azoto não marcado mais substituído (N-OTs) reagir primeiro com o imidato e sofrer ciclização electrocíclica e perda de TsOH, será formado o produto triazol **184.** [15]A posição do átomo de azoto no produto 1,2,4-triazol indicaria se uma destas duas vias é a preferida.

Esquema 4.69. Mecanismo proposto para a síntese de 1-aril-1,2,4-triazóis.

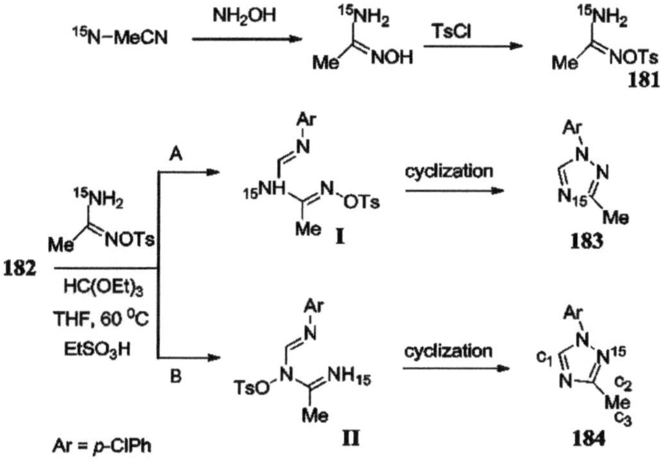

Wang et al. sintetizaram 1,2,4-triazolidinas **188** através de uma reação de acoplamento de três componentes de a-diazoésteres **185**, iminas **186** e azodicarboxilatos de dialquilo **187, catalisada** por porfirina de ruténio. A reação prossegue com a geração in situ de ylides azometínicos a partir de a-diazoésteres e iminas. As cicloadições 1,3-dipolares estereosselectivas de azometinas-ilidas com azodicarboxilatos de dialquilo produzem as correspondentes 1,2,4-triazolidinas com bons rendimentos. Utilizando 8-fenilmentanol-a-diazoéster quiral como fonte de carbenóide, foram obtidas 1,2,4-triazolidinas quirais com boa diastereosselectividade (Esquema 4.70) [44].

Esquema 4.70. Síntese de 1,2,4-triazolidinas.

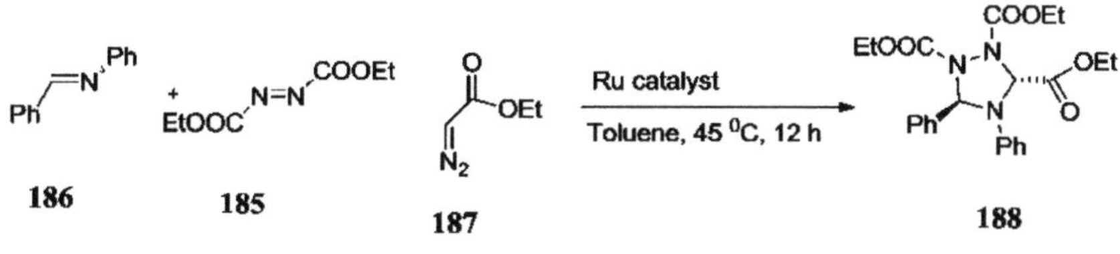

O tetrazol é desconhecido na natureza.

O tetrazol foi produzido pela primeira vez através da reação de ácido hidrazóico anidro e cianeto de hidrogénio sob pressão.

,Em 2017, Behrouz descreveu uma síntese simples e fácil de três componentes em um pote de derivados 5-substituídos de 1H-tetrazol **190** a partir de aldeídos, catalisada por Cu2O dopado nanométrico em uma resina de melamina-formaldeído (nano-Cu O- MFR). Neste protocolo, o tratamento de aldeídos estruturalmente diferentes, cloridrato de hidroxilamina e azida de tetrabutilamónio (TBAA) **189** como fonte de azida na presença de nano-Cu2O-MFR como um nanocatalisador heterogéneo eficiente permitiu obter os correspondentes 1H-tetrazóis **190** 5-substituídos em rendimentos bons a excelentes. Foi estudada a influência de vários parâmetros no decurso da reação. O nano-Cu2O-MFR é um nanocatalisador barato e estável que pode ser facilmente produzido, reciclado e reutilizado para muitos ciclos de reação sucessivos sem que a sua atividade diminua significativamente (Figura 4.71) [45].

Nesta reação, o catalisador ativa a ligação C,N da **oxima** por coordenação com o átomo de oxigénio da oxima. Assim, o ataque nucleofílico da azidiona à ligação C,N pobre em electrões suporta a reação de cicloadição do TBAA através da ligação C,N, dando o 1H-tetrazol **192** 5-substituído após hidrólise ácida (Esquema 4.72).

Esquema 4.71. Síntese tricomponente e unipotente de derivados de 1H-tetrazol 5-substituídos.

nano-Cu_2O-MFR

DMF, 100 ^{0}C

190

R = alkyl, aryl

(TBAA)
189

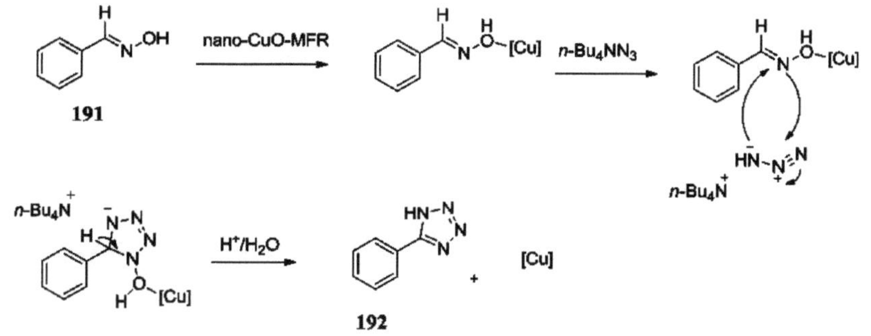

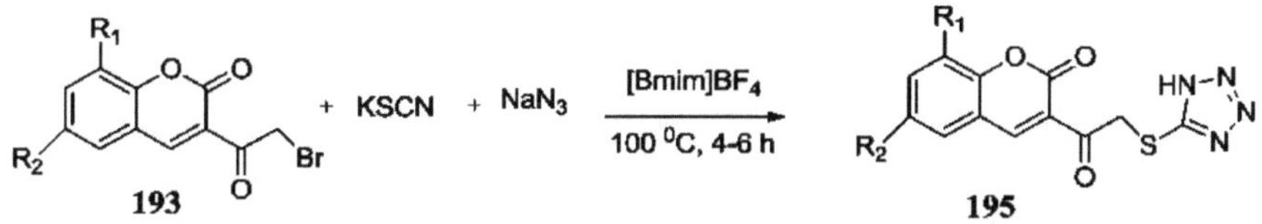

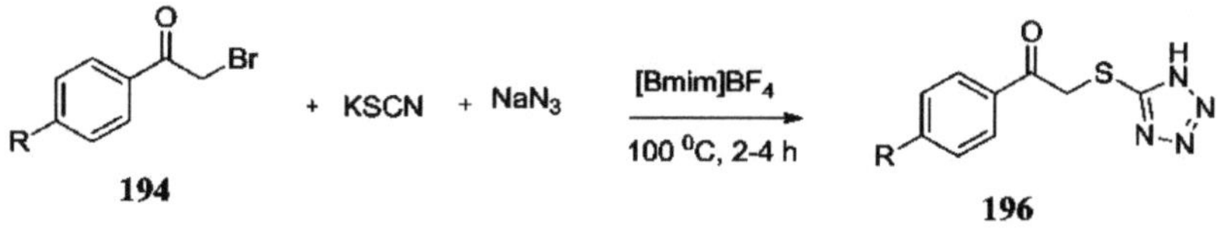

Esquema 4.72. Mecanismo plausível para a síntese de derivados de 1H-tetrazol 5-substituídos.

Kanakaraju e colaboradores relataram em 2013 um método eficiente, simples e amigo do ambiente para a síntese de novos sulfaniltetrazóis **195, 196** através de uma reação de três componentes de brometos de fenacilo **194/3-**(2-bromoacetil)cumarinas **193** com KSCN e NaN3 utilizando o líquido iónico [Bmim]BF4. Pode ser reutilizado e reciclado durante quatro ciclos sem perda significativa do rendimento do produto (esquema 4.73) [46].

Esquema 4.73. Síntese de novos sulfaniltetrazóis.

Referências :

[1] T. Eicher, S. Hauptmann. The chemistry of heterocycles. Wiley-VCH; **2003**.

[2] M. Bayat, N. Z. Shiraz, S. H. Hosseini. *Helv. Chim. Ata* **2010**, *93*, 2189-2193.

[3] M. Bayat, H. Imanieh, N. Z. Shiraz, M. S. Qavidel. *Monatsh Chem.* **2010**, *141*, 333-338.

[4] M. Bayat, H. Imanieh, F. Hassanzadeh. *Tetrahedron Lett.* **2010**, *51*, 1873-1875.

[5] M. Bayat, H. Imanieh, H. Abbasi. *Helv. Chim. Ata.* **2010**, *93*, 757762.

[6] M. Bayat, H. Imanieh, M. H. Farjam. *Synth. Commun.* **2010**, *16*, 24752482.

[7] C. Zhao, J. Lu, Z. Lia, Z. Xia. *Tetrahedron* **2004**, *60*, 1417-1424.

[8] F. Matloubi Moghaddam, M. R. Khodabakhshi, A. Latifkar. *Tetrahedron Lett.* **2014**, *55*, 1251-1254.

[9] R. Mancuso, B. Gabriele. *Molecules* **2014**, *19*, 15687-15719.

[10] I. Yavari, J. Sheykhahmadi, M. Naeimabadi, M. R. Halvagar. *Molec. Divers.* **2017**, *21*, 1-8.

[11] W. J. Humenny, P. Kyriacou, K. Sapeta, A. Karadeolian, M. A. Kerr. *Angew. Chem. Int. Ed.* **2012**, *51*, 11088-11091.

[12] I. Yavari, M. Bayat. *Synth. Commun.* **2002**, *32*, 2527-2534.

[13] I. Yavari, M. J. Bayat. *Synlett.* **2013**, *24,* 2279-2281.

[14] B. Puligilla, B. Satyanarayana, S. Aravind. *Rasayan J. Chem.* **2017**, *10*, 6-12.

[15] N. Baricordi, S. Benetti, G. Biondini, C. De Risi, G. P. Pollini. *Tetrahedron Lett.* **2004**, *45*, 1373-1375.

[16] M. Bayat, H. Hosseini, S. Nasri. Tópicos em Química e Ciência dos Materiais **2011**, *5*, 24-30.

[17] M. Bayat, S. Nasri. *Helv. Chim. Ata.* **2011**, *94*.

[18] M. Bayat, H. Nasehfard. *J. Heterocyclic Chem.* **2015**, *00*, 00.

[19] M. T. Maghsoodlou, G. Marandi, N. Hazeri, A. Aminkhanib, R. Kabiri. *Tetrahedron Lett.* **2007**, *48*, 3197-3199.

[20] Q. Wang, B. Ganem. *Tetrahedron Lett.* **2003**, *44*, 6829-6832.

[21] S. B. Bharate, A. K. Padala, B. A. Dar, R. R. Yadav, B. Singh, R. A. Vishwakarma. *Tetrahedron Lett.* **2013**, *54*, 3558-3561.

[22] E. Rajanarendar, P. Venkateshwarlu, S. R. Krishna, K. G. Reddy, K. Thirupathaiah. *Química verde e sustentável.* **2015**, *5*, 107-114.

[23] J. S. Yadav, B. V. S. Reddy, P. Sreedhar, C. V. S. R. Murthy, G. Mahesh, G. Kondaji, K. Nagaiah. *J. Mol. Catal. A: Chem.* **2007**, *270*, 160163.

[24] B. A. Granger, Z. Wang, K. Kaneda, Z. Fang, S. F. Martin. *ACS. Comb. Sci.***2013**, *15*, 379-386.

[25] M. R. S. Joybari, Z. Hossaini. *J. Appl. Chem. Res.* **2016**, *10, 7-12.*

[26] R. Deshineni, R. Velpula, R. Ragi, G. K. Chellamella. *Indian J. Chem.*
2016, *55*, 1415-1419.

[27] R. Bansal, P. K. Soni, M. K. Ahirwar, A. K. Halve. *Int. Res. J. Pure Appl. Chem.* **2016**, *11*, 1-26.

[28] S. Aly, M. Romashko, B. A. Arndtsen. *J. Org. Chem.* **2015**, *80*, 27092714.

[29] M. Bayat, F. Hosseini, B. Notash. *Tetrahedron Lett.* **2016**, *57*, 54395441.

[30] M. Bayat, F. S. Hosseini. *Tetrahedron Lett.* **2017**, *58*, 1616-1621.

[31] M. Bayat, F. S. Hosseini, B. Notash. *Tetrahedron* **2017**, *73*, 11961204.

[32] M. Mahdavi, M. Khoshbakht, M. Saeedi, M. Asadi, M. Bayat, A. Foroumadi, A. Shafiee. *Synthesis* **2016**, *48*, 541-546.

[33] M. M. Heravi, M. Daraie. *Molecules* **2016**, *21*, 441.

[34] A. Saha, S. Payra, S. Banerjee. *Green Chem.* **2015**, *17*, 2859-2866.

[35] Z. Li, J. Shi, J. Yang, C. Liu, P. Niu. *Common Heterocycl.* **2012**, *18*, 99-102.

[36] A. Ramazani, Y. Ahmadi, F. Z. Nasrabadi. *Z. Naturforsch.* **2011**, *66*, 184-190.

[37] N. Shajari, A. R. Kazemizadeh, A. Ramazani. *Turk. J. Chem.* **2015**, *39*, 874-879.

[38] N. Shajari, A. R. Kazemizadeh, A. Ramazani. *J. Serb. Chem. Soc.* **2012**, *77*, 1175-1180.

[39] M. Adib, A. H. Jahromi, N. Tavoosi, M. Mahdavi, H. R. Bijanzadeh. *Tetrahedron Lett.* **2006**, *47*, 2965-2967.

[40] B. A. Dar, Z. Zaheer, S. Fatema, S. Jadav, M. Farooqui. *IJPRAS* **2015**, *4*, 93-99.

[41] F. Alonso, Y. Moglie, G. Radivoy, M. Yus. *J. Org. Chem.* **2011**, *76*, 8394-8405.

[42] L. Wan, C. Cai. *Catal. Lett.* **2012**, *142*, 1134-1140.

[43] A. Tam, I. S. Armstrong, T. E. La Cruz. *Org. Lett.* **2013**, *15*, 35853589.

[44] M. Z. Wang, H. W. Xu, Y. Liu, M. K. Wong, C. M. Che. *Adv. Synth. Catal.* **2006**, *348*, 2391-2396.

[45] S. Behrouz. *J. Saudi Chem. Soc.* **2017**, *21*, 220-228.

[46] S. Kanakaraju, B. Prasanna, G. V. P. Chandramouli. *J. Chem.* **2013**, 1-6.

5 Heterociclos com seis membros

Tal como no caso dos heterociclos com cinco membros, a tensão do anel tem pouca ou nenhuma importância para os heterociclos com seis membros.

5.1 Ião de pirílio

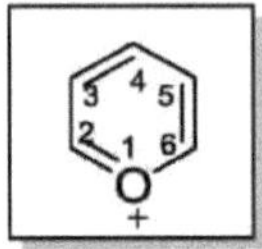

Existem muitas formas diferentes de sintetizar um sal de pirílio. Em geral, existe a síntese de um componente, de dois componentes e de três componentes.

1- Síntese de Dilthey: os sais de pirílio com substituintes aromáticos, como o tetrafluoroborato de 2,4,6-trifenilpirílio, podem ser preparados a partir de dois moles de acetofenona e um mol de benzaldeído na presença de ácido tetrafluorobórico e de um agente oxidante.

Há muitos anos, a condensação de benzaldeído 4-substituído com acetofenona 4-substituída, utilizando o catalisador ácido de Lewis trifluoreto de boro eterato em benzeno, foi relatada para sintetizar um grande número de sais de 2,4,6-triarilpirílio. Este processo segue um mecanismo de desidrogenação por condensação para obter sais de pirílio.

Angelica et al. também sintetizaram o sal de pirílio utilizando ácidos/ésteres benzóicos substituídos em vez de aldeídos substituídos como material de partida (Esquema 5.1)[1] :

Figura 5.1. Síntese do sal de pirílio.

R1

R2 + CH3 BF3.OEt2 / Toluene, reflux

197 198 199

R_2, R_1 = H, Br, OMe, NO_2

Propõe-se que a formação do equilíbrio ceto-enólico da acetofenona **198** seja iniciada pelo eterato de trifluoreto de boro, um ácido de Lewis, como primeiro passo. A forma enol da acetofenona **198B** inicia um ataque nucleofílico à funcionalidade carboxilo activada **197**, seguido da remoção do grupo -OR (um grupo hidroxilo ou alcoxi) **C**, dando B-diketona **D**. Esta última espécie condensa-se com outra forma enol da acetofenona **198B** para formar a B-hidroxi-Y-dicetona **E**. A remoção do grupo hidroxilo sob a forma de (OBF3) conduz a uma Y-dicetona **F** insaturada. A Y-dicetona **F** é então enolizada para formar a espécie **G**. A espécie **G**, após ciclização interna pela remoção de uma molécula de BF3, produz o anel de seis membros **H, seguido da** remoção de (OBF3) e suportado por monopares de electrões no átomo de oxigénio, dando origem ao sal de pirílio **199** (esquema 5.2).

Figura 5.2. Mecanismo proposto para a síntese do sal de pirílio.

2- Síntese de Balaban-Nenitzescu-Praill: para os sais de pirílio com substituintes alquilo, como os sais de 2,4,6-trimetilpirílio, o melhor método é utilizar butanol terciário e anidrido acético na presença de ácido tetrafluorobórico, ácido perclórico ou ácido trifluorometanossulfónico [2].

5.2 2H-pirano

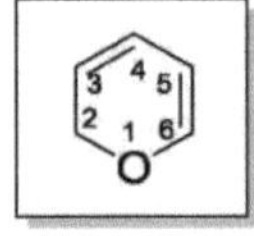

O composto de origem ainda não foi isolado. No entanto, foram preparados derivados 2,2-dissubstituídos, por exemplo 1 e 2 (fig. 5.1):

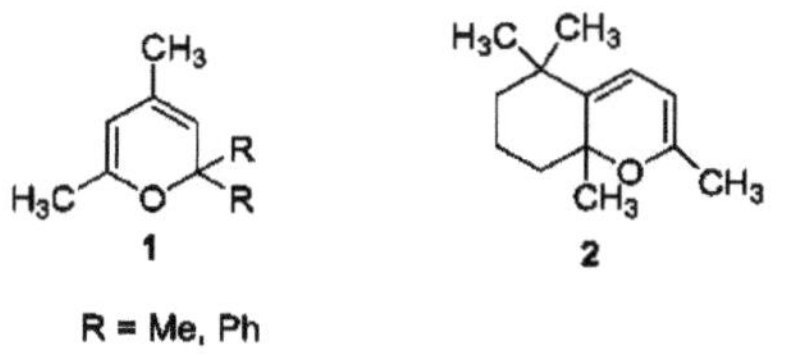

Fig. 5.1. Derivados 2,2-dissubstituídos.

Os 2H-piranos são também formados pela adição de nucleófilos C a iões de pirílio [3].

Mas também foram sintetizadas reacções multicomponentes:

As reacções catalisadas por DABCO dos compostos a-halocarbonilo **200** com dicarboxilato de dimetilacetileno (DMAD) **50** à temperatura ambiente deram origem a 2H-piranos **201** altamente funcionalizados com bons rendimentos, que foram preparados por Fan et al [4] (Esquema 5.3).

Esquema 5.3 Síntese de *2H-piranos* altamente funcionalizados.

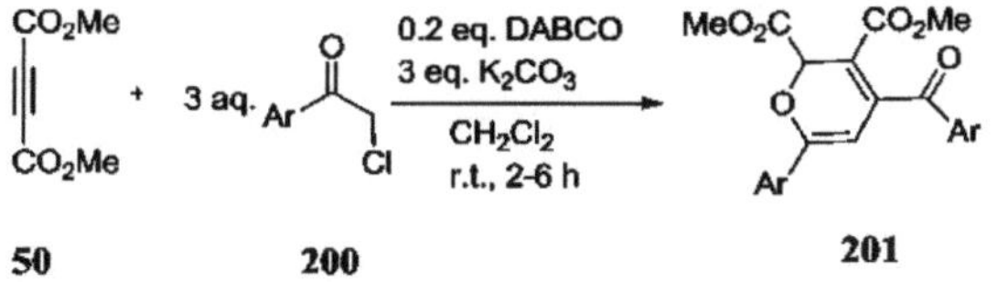

Os 4-hidroxi-2-p-tolil-2H-cromeno-3-carboxilatos (*benzo-2H-piranos*) **203** foram eficazmente preparados a partir de arilaldeídos **49** e 3-(2-(metoximetoxi)fenil)propiolatos **202** através de uma cascata catalisada por ácido de Lewis que inclui desproteção de éter de fenol/olefinação de aldeído/reação de adição oxa-Michael intramolecular e oxidação sequencial. Esta reação em quatro etapas foi realizada em 2013 por Wang e colegas numa panela de elevada eficiência atómica (Figura 5.4) [5].

Figura 5.4 Síntese de *benzo-2H-piranos*.

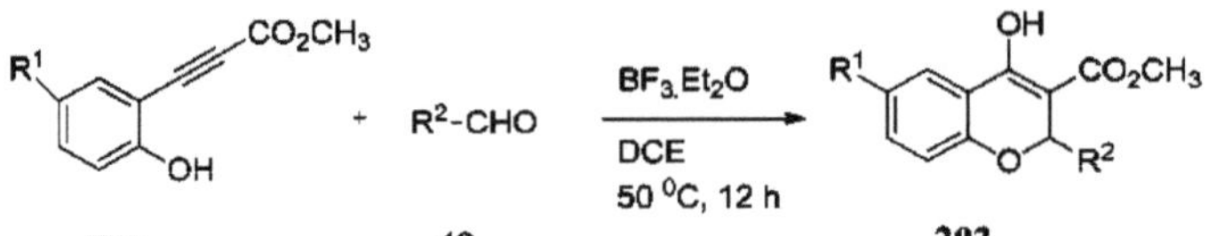

Em 2011, Bayat et al. relataram a síntese de derivados *de 2H-pirano*[2,3-d]pirimidina **205** via processos multicomponentes entre o dialquil acetilenodicarboxilato **45** e o alceno 1,1-diativado **204** na presença de Ph3P **51** (Esquema 5.5) [6].

[113]Os espectros de RMN de H e de RMN de C dos produtos indicam a presença de dois isómeros rotacionais numa relação 90:10. Embora não tenham conseguido separar estes rotâmeros em estado puro, foi possível extrair os dados de RMN de cada isómero a partir do espetro da mistura de isómeros rotacionais (Figura 5.2).

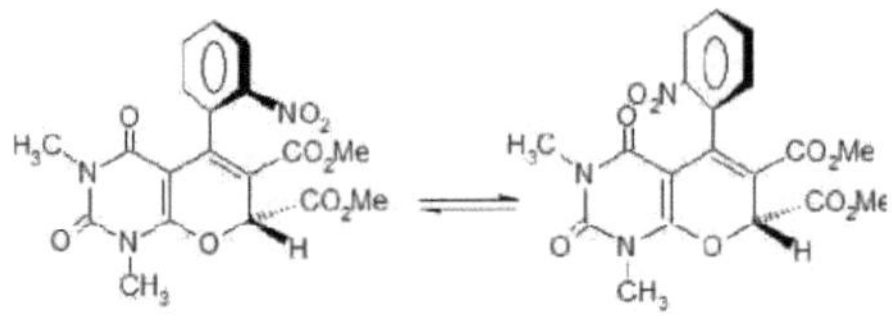

Fig. 5.2 Isómeros rotacionais da *2H-pirano*[2,3-d]pirimidina.

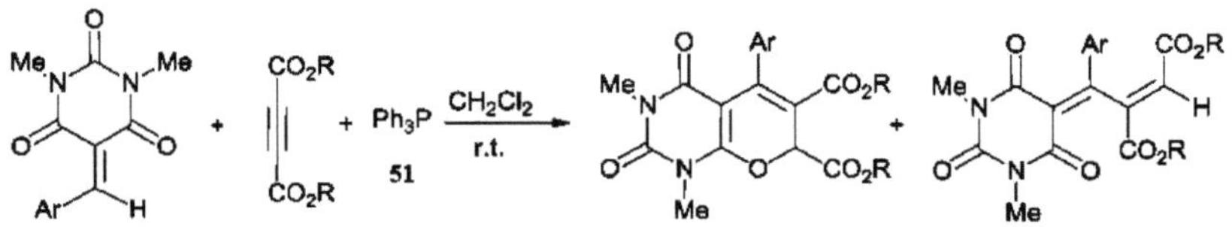

Scheme 5.5. Synthesis of 2*H*-pyrano [2,3-d] pyrimidine derivatives.

Com base na química conhecida dos nucleófilos de fósforo trivalente, podemos assumir que o 1,3-dipolar **I** inicialmente formado pode ser adicionado à ligação electrofílica C=C de **204** **para formar** um novo hermafrodita **II que** pode **tornar-se III** por um deslocamento [1,3]-H. Este último pode existir em equilíbrio com um conformador **IV** mais estável. A eliminação do PPh3 de **IV** dá origem ao butadieno **206** com a configuração E. Pode presumir-se que a estereosselectividade da reação se deve ao facto de a eliminação do PPh3 ocorrer a partir do rotâmero **IV**, que está estereoelectronicamente disposto para uma eliminação trans favorável. Subsequentemente, o s-trans **206** pode entrar numa reação electrocíclica em equilíbrio com o s-cis **206** e ciclar para derivados de crómio 2H **205** (Esquema 5.6).

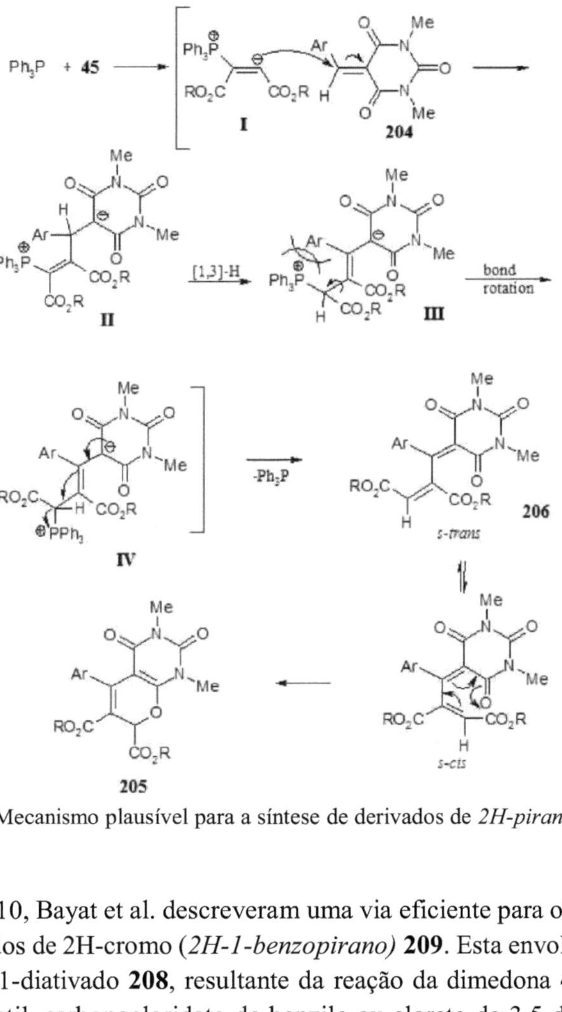

Esquema 5.6. Mecanismo plausível para a síntese de derivados de *2H-pirano*[2,3-d]pirimidina.

Em 2010, Bayat et al. descreveram uma via eficiente para obter derivados funcionalizados de 2H-cromo *(2H-1-benzopirano)* **209**. Esta envolve a reação de um alceno 1,1-diativado **208**, resultante da reação da dimedona **40b** com éster clorogloxilmetil, carbonocloridato de benzilo ou cloreto de 3,5-dinitrobenzoílo **207**, e um dicarboxilato de dialquilacetileno **45** na presença de Ph_3P **51**, que sofrem uma reação de Wittig intramolecular para produzir derivados 2H-cromenos **209** (Esquema 5.7) [7].

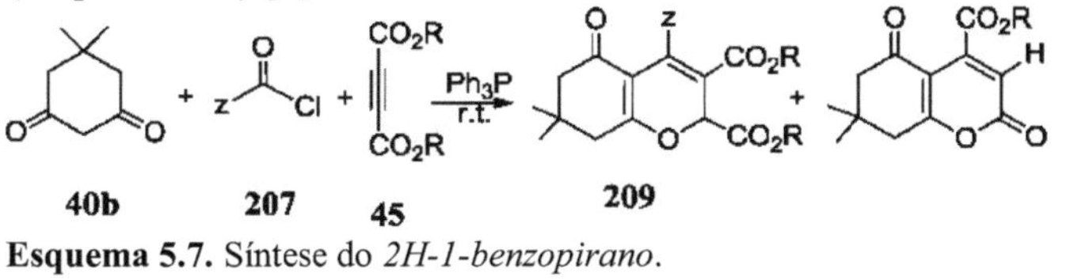

Esquema 5.7. Síntese do *2H-1-benzopirano.*

Com base na química bem estabelecida dos fosforonucleófilos trivalentes, pode presumir-se que o produto **209** é formado pela adição inicial de Ph_3P ao dicarboxilato de dialquilacetileno **45**, dando origem a **I** que, após protonação pelo ácido alquénico **208,** dá origem ao aduto 1:1 **II**. A adição conjugativa do O-enolato resultante conduz então à formação do fosforano **III**, que é convertido em **209** por fecho intramolecular do anel de Wittig (esquema 5.8).

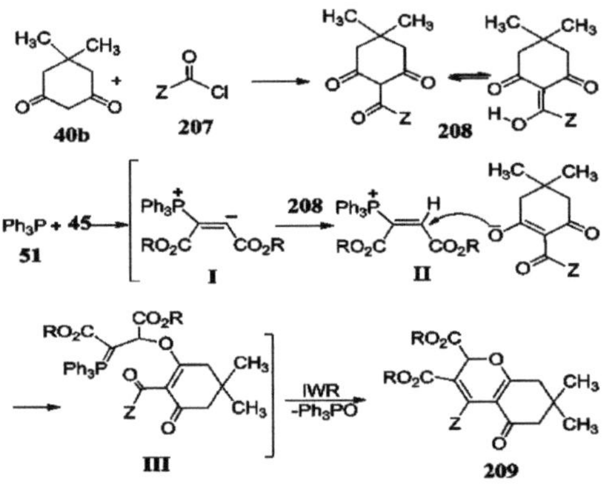

Esquema 5.8. Mecanismo proposto para a síntese do *2H-1-benzopirano*.

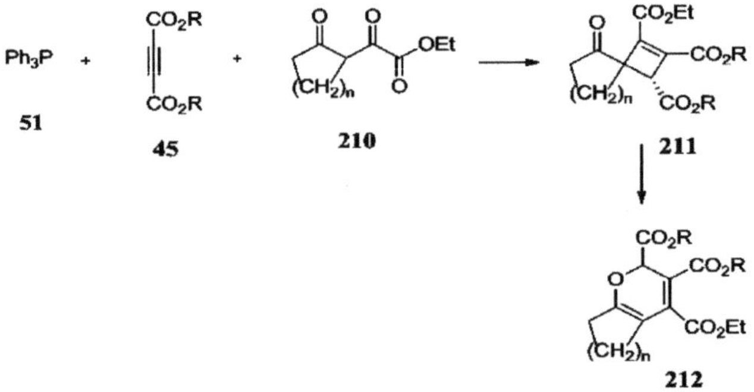

Yavari e Bayat relataram uma reação de Wittig intramolecular para a preparação de derivados de espirociclobuteno **211**. Estes sistemas espiro sofrem uma reação electrocíclica de abertura de anel para produzir 1,3-dienos deficientes em electrões que ciclizam espontaneamente para derivados 2H-piranos **212** (Esquema 5.9) [8].

Figura 5.9. Síntese de derivados de espirociclobuteno.

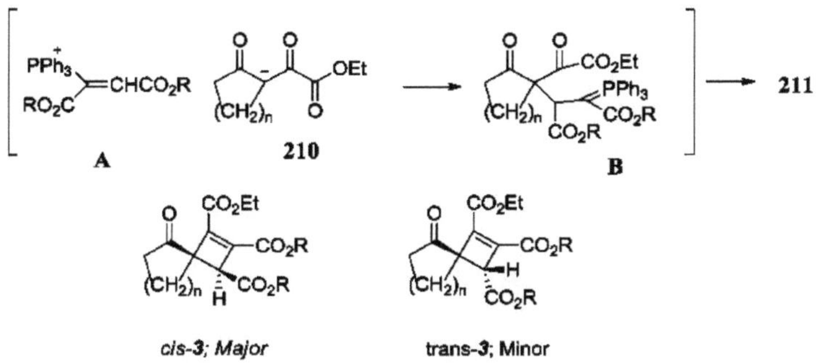

Pode presumir-se que os espirociclobutenos **211** **resultam** da adição inicial de trifenilfosfina **51** ao éster acetilénico **45**, seguida da protonação do aduto reativo 1:1 por **210** e, em seguida, do ataque do átomo de carbono do anião de **210** ao catião viniltrifenilfosfónio **A** **para** produzir fosforano **B**, que é convertido no sistema espirocarbocíclico deformado **211** (esquema 5.10).

Figura 5.10. Mecanismo proposto para a síntese de derivados de espirociclobuteno.

5.3 2H-pirano-2-ona

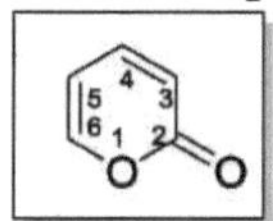

Singh et al. estudou o tratamento de enaminonas **213** conjugadas cruzadas com cloro- e fenilcetenos **214**, produzidos in situ por adição gota a gota dos cloretos de ácido correspondentes à trietilamina (TEA) a 0 C, levando a rendimentos moderados de produtos caracterizados como derivados de pirano-2-ona **215**. A formação destes produtos é provavelmente por eliminação de -HN $(CH_3)_2$ do aduto inicial **A** [4 + 2] formado como intermediário (Esquema 5.11) [9].

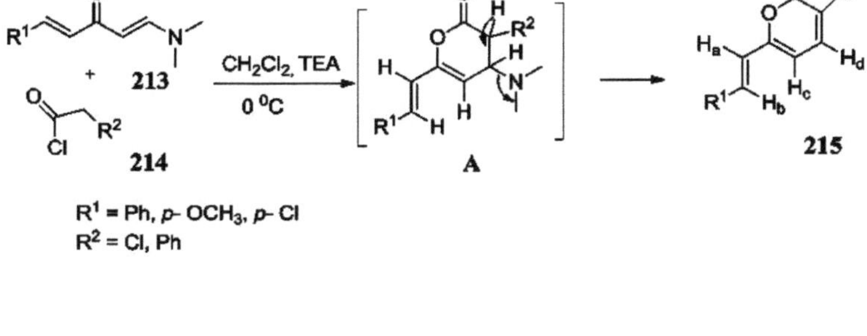

Figura 5.11. Síntese de derivados de piran-2-ona.

Em 2015, Lee relatou uma estratégia altamente eficiente para a síntese de 2-pironas via anulações oxidativas catalisadas por Pd entre derivados acrílicos e alcinos internos com alta regiosseletividade. Este processo é atrativo e conveniente, uma vez que o O2 (1 átomo) é utilizado como oxidante estequiométrico e apenas o H2O é produzido como único subproduto em condições suaves (Esquema 5.12) [10].

R^1—≡—R^2 + **216** **217** 10 mol % $Pd(OAc)_2$, 30 mol % $CuBr_2$, 1 equiv Et_3N, O_2, AcOH:Ac_2O (1:3) → 55-93% **218**

R^1 = R^2= Ph, 4-MeC_6H_5, 4-$CF_3C_6H_5$, 3-FC_6H_5, 4-$NO_2C_6H_5$, 4-$MeOC_6H_5$, 4-CNC_6H_5, 2-thienyl, 2-pyridyl

Figura 5.12. Síntese de 2-pironas.

A coordenação e a troca de ligandos do derivado acrílico **217** com Pd(II) estão ligadas à primeira etapa da anulação oxidativa catalisada por Pd em

219 + **40b** dry ether, 90% → **220**

Após a exo-coordenação de **216** e a inserção da molécula de diariletina em **B**, **forma-se** o complexo vinil-paládio **C** e a reação intramolecular de Heck conduz à espécie alquil-paládio **D**. Em seguida, a 2-pirona **218** e o Pd(0) são libertados por eliminação do -hidreto e o oxigénio molecular, com a ajuda do Cu(II), regenera o catalisador por oxidação do Pd(0) em Pd(II) para completar o ciclo catalítico (esquema 5.13).

Figura 5.13. Mecanismo plausível para a síntese de 2-pironas.

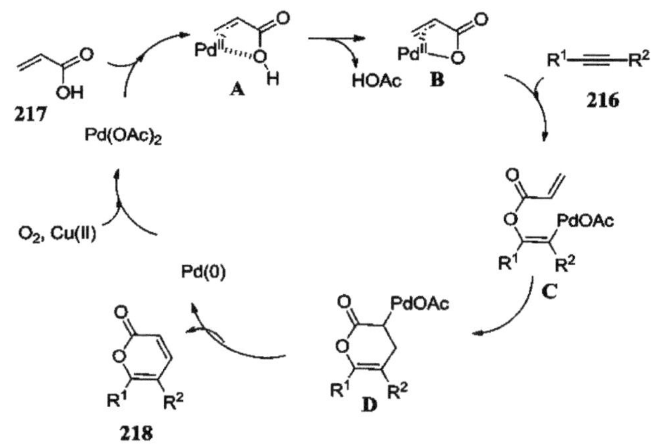

A reação do (clorocarbonil)fenilceteno **219** com várias 1,3-dicetonas **40** facilmente disponíveis deu origem a derivados de 2-pirona **220** num processo de uma só etapa. Este método permite a síntese de 2-pironas 3,4,5,6-tetrassubstituídas com rendimentos bons a excelentes (Esquema 5.14) [10].

Esquema 5.14. Síntese dos derivados de 2-pironas.

^{13}É notável que o ceteno **219** sofra **um** desvio de 1,3 no cloro, o que foi observado na experiência de CNMR (Figura 5.15). O átomo de cloro alterna, portanto, entre dois grupos carbonilo, e estes cetenos podem também existir como uma mistura de dois conformes, como *s-cis* **A** e *s-trans* **B**. A reação termina com um ataque nucleofílico do grupo OH da forma enol **D** à posição acilcarbonilo do ceteno, seguido do fecho do anel.

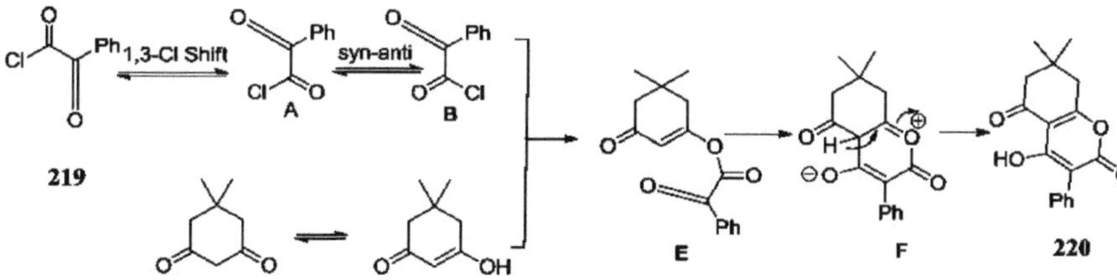

Figura 5.15. Mecanismo proposto para a síntese de derivados de 2-pirona.

5.4 4H-pirano

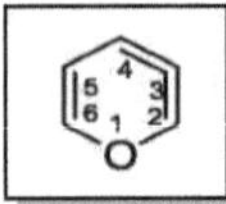

Um processo suave, simples e conveniente para a síntese de heterociclos espirooxindole contendo um anel 4H-pirano fundido e derivados bis-2-amino-4H-pirano foi descrito em 2016 por Jolodar et al. usando $C_4(DABCO\text{-}SO_3H)_2.4Cl$ como um nanocatalisador eficiente, barato e reutilizável em condições suaves e homogéneas (Esquema 5.16) [11].

Esquema 5.16. Síntese de heterociclos espirooxindole com um anel 4H-pirano fundido e derivados bis-2-amino-4H-piranos.

A síntese dos derivados de 2-amino-4H-pirano pode ser efectuada de duas formas. Na via A, o $C_4(DABCO\text{-}SO_3H)_2.4Cl$ pode formar uma unidade de ligação H com o grupo carbonilo do **221** para aumentar a sua electrofilicidade. O ataque nucleofílico do malononitrilo ao carbono carbonílico produz o produto de condensação de Knoevenagel **I**. Em seguida, a adição de Michael do ácido C-H-ativado **II** ao produto intermédio **I conduz** ao produto intermédio **III**. Na via B, o grupo carbonilo do **221** pode formar unidades ligadas a H com o catalisador e reagir por condensação de aldol com o ácido ativado por C-H para obter o produto **IV**, seguido de desidratação (esquema 5.17).

Em 2014, Keyume e colegas desenvolveram uma síntese one-pot de 2,4-dihidropirano [2,3-c]pirazóis polissubstituídos funcionalizados.

dicarboxilatos **226** **a** partir de B-cetoésteres **224**, hidrazina **151**, dicarboxilato de dimetilacetileno **50** e malononitrilo **149** em EtOH. Esta reação one-pot de quatro componentes foi realizada na presença de um catalisador DABCO e conduziu aos dicarboxilatos *de 4H-pirano*[2,3-c]pirazol **226** multisubstituídos (Esquema 5.18) [12].

Em primeiro lugar, a condensação espontânea dos cetoésteres metílicos **224** com a hidrazina **151** formou pirazol-5-onas **225,** e a adição de Michael do malononitrilo ao dicarboxilato de dimetilacetileno **50** levou à formação do intermediário **B**. Posteriormente, a adição de Michael do intermediário **225C** ao intermediário **B** na presença de DABCO levou à formação do intermediário **D**. O ataque nucleofílico intramolecular do oxigénio a um dos grupos nitrilo conduziu à formação da substância intermédia **E**. A isomerização subsequente nos anéis pirano e pirazol deu origem ao composto final **226** (esquema 5.19).

Esquema 5.17. Mecanismo proposto para a síntese dos derivados 2-amino-4H-piranos.

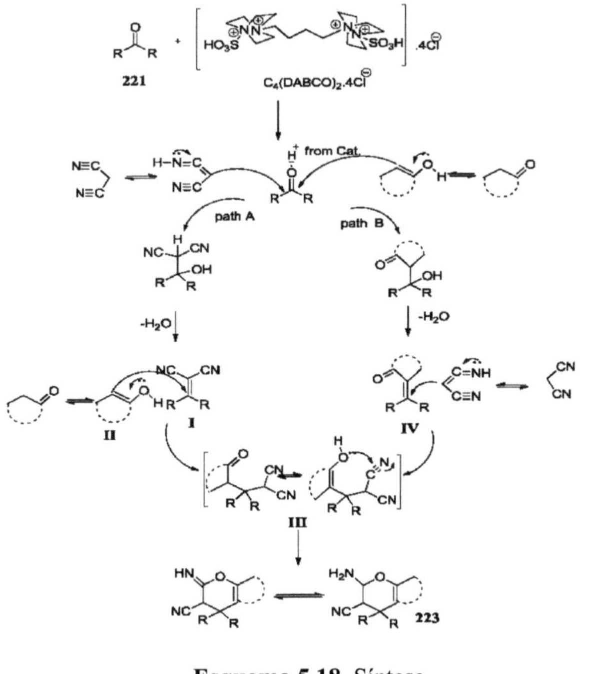

Esquema 5.18. Síntese de dicarboxilatos de *4H-pirano*[2,3-c] pirazol dicarboxilatos.

$R^1COCH_2CO_2R^2$ + NH_2NHR^3 + $H_3CO_2C{\equiv}CO_2CH_3$ + $CH_2(CN)_2$

224 151 50 149

DABCO, EtOH, 50 ºC

226

Esquema 5.19. Mecanismo plausível para a síntese de dicarboxilatos de *4H-pirano*[2,3- c]pirazol polissubstituídos

.

Em 2015, Wang et al. conseguiram uma síntese one-pot de vários derivados de 4H-benzo[b]pirano **227** através da condensação aquosa de três componentes com aldeídos aromáticos **49**, compostos metilénicos activos **149** e dimedona **40b** utilizando um catalisador líquido iónico básico em água (Esquema 5.20) [13].

O par de electrões solitários no átomo de N do líquido iónico pode retirar o átomo de hidrogénio dos compostos de metileno ativo para formar um anião de carbono ativo. As ligações de hidrogénio entre os grupos hidroxilo do líquido iónico e o grupo carbonilo do aldeído aumentam a electrofilicidade do átomo de carbono do aldeído. **A é** então formado por condensação de Knoevenagel. Os pares de electrões solitários no átomo de N do IL também podem puxar um átomo de hidrogénio da dimedona, que pode facilmente reagir com **A**, dando origem ao aduto de Michael **B**, seguido de tautomerismo, O-ciclização intramolecular e o protão

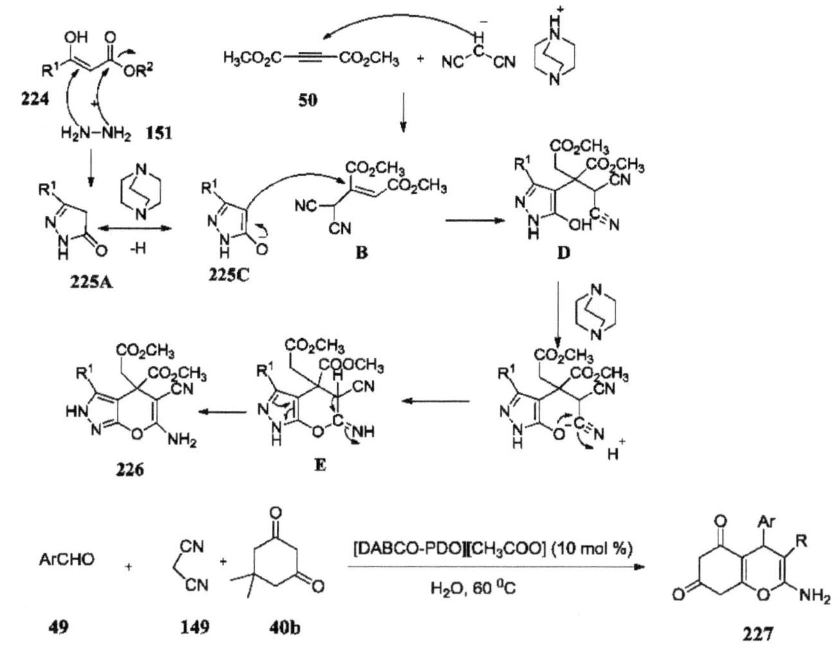

Scheme 5.20. Synthesis of various 4*H*-benzo[b]pyran derivatives.

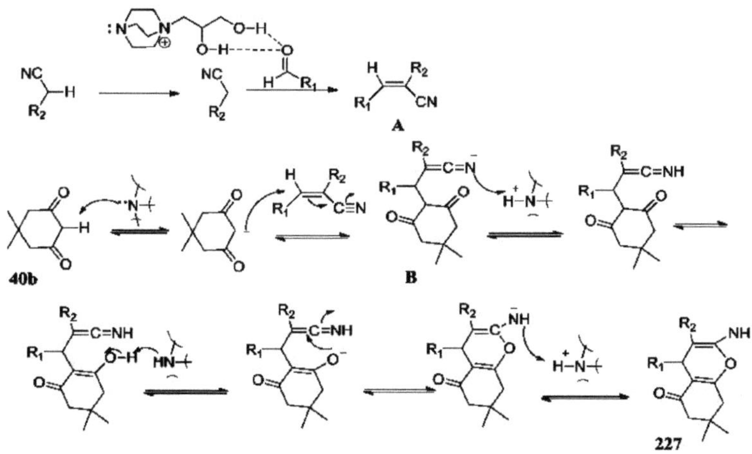

Reacções de transferência sob dupla atividade de IL para obter o produto desejado **227** (Figura 5.21).

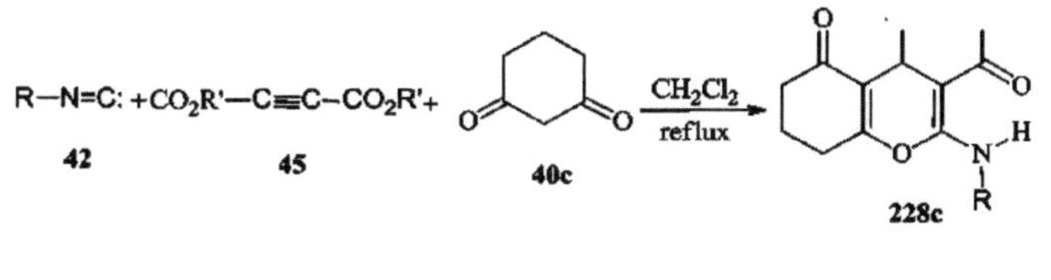

Em 2009, Bayat et al. utilizaram uma condensação de três componentes num só frasco
Esquema 5.21. Mecanismo proposto para a síntese de diferentes derivados *de 4H-benzo*[b]pirano.

Reacções de alquilisocianetos **42** com ésteres de ácido acetilénico pobres em electrões **45** na presença de ácidos CH **40** em diclorometano anidro, que conduziram a sistemas 4H-pirano **228** condensados funcionalizados (esquema 5.22) [14].

$_2$CO R'OR'

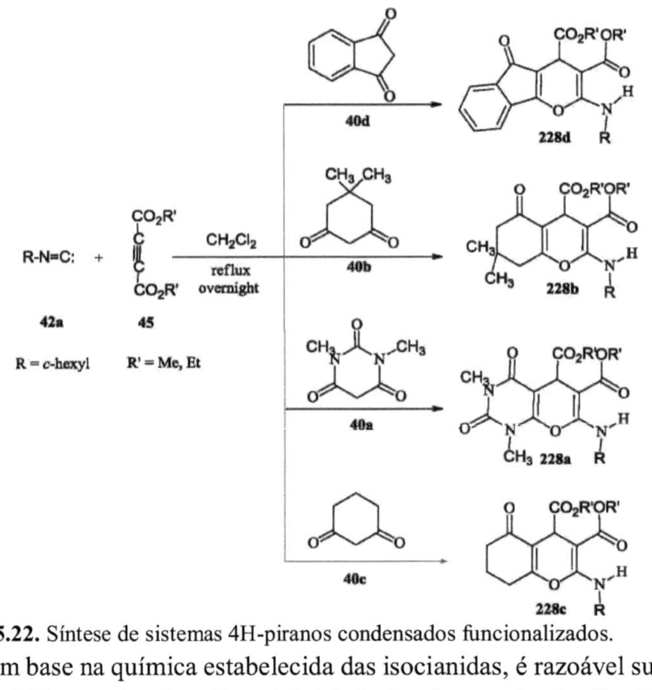

Esquema 5.22. Síntese de sistemas 4H-piranos condensados funcionalizados.

Com base na química estabelecida das isocianidas, é razoável supor que o composto **228c** resulta da adição inicial do isocianeto de alquilo **42** ao éster acetilénico **45 para formar** o intermediário **A**. A protonação de **A** por **40c** e o subsequente ataque do nucleófilo resultante, **ligado ao** ião **B** de carga positiva, dá origem à cetenimina **C** (Esquema 5.23).

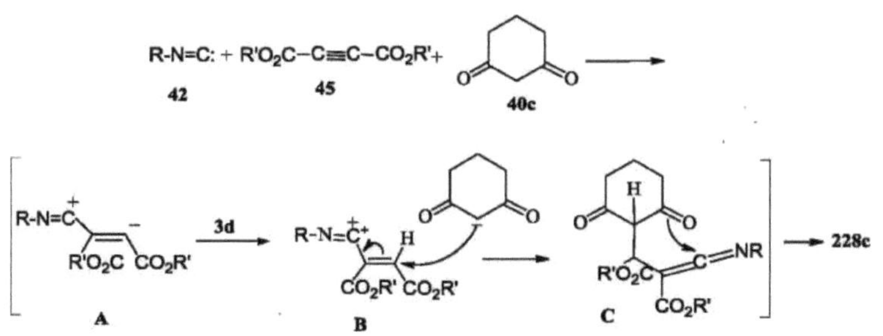

Esquema 5.23. Mecanismo proposto para a síntese de sistemas 4H-piranos condensados funcionalizados.

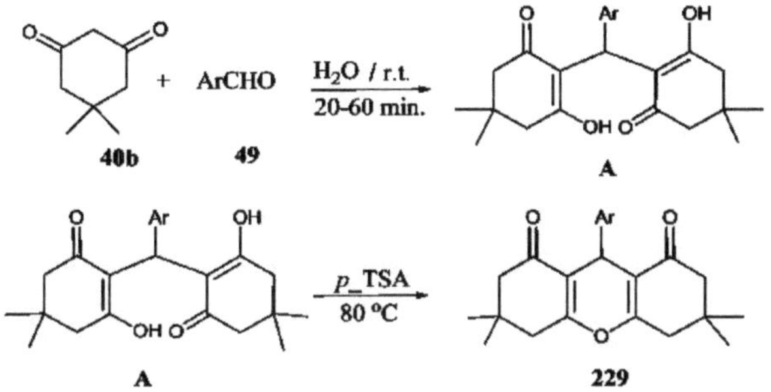

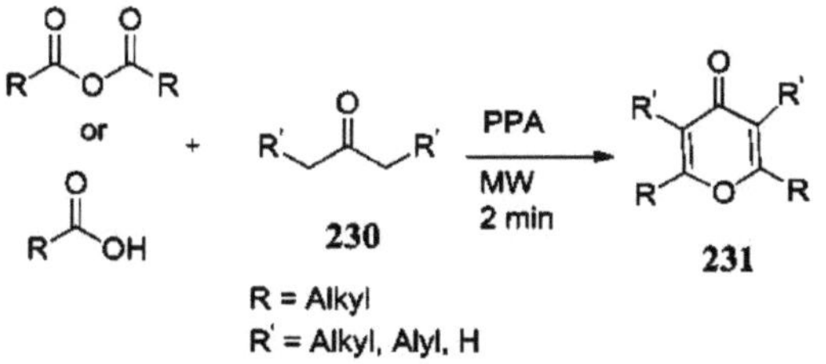

A síntese do 1,8-dioxo-octahidroxanteno (octahidrodiciclohexa-4H-pirano) **229** utilizando o ácido p-toluenossulfónico como catalisador em condições sem solventes foi descrita por Bayat et al. que envolveu a ciclização do 2,2-arilmetilenobis(3-hidroxi-5,5-dimetil-2-ciclohexen-1-ona) **A**, inicialmente obtido por reação da dimedona **40b** com aldeídos aromáticos **49** em água como solvente e catalisador à temperatura ambiente (esquema 5.24) [15].

Esquema 5.24. Síntese do *octa-hidrodiciclohexa-4H-pirano.*

5.5 4H-piran-4-ona

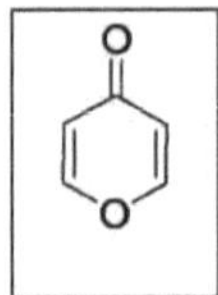

Matlubi e colaboradores descreveram uma síntese one-pot, sem solventes e assistida por micro-ondas, de 4H-piran-4-onas simétricas **231** na presença de ácido polifosfórico ou pentóxido difosfórico (Esquema 5.25) [16].

Esquema 5.25. Síntese das *4H-piran-4-onas* simétricas.

Em 2017, Xu et al. sintetizaram a 4-pirona **233** via adição nucleofílica/ciclização de diinonas **232** e água promovida por TfOH. Esta transformação é simples, atomicamente económica e amiga do ambiente, e proporciona um acesso rápido e eficiente a 4-pironas substituídas (Esquema 5.26) [17].

o D_2O marcado com deutério foi utilizado na reação com a diinona **232 para dar** o produto marcado com deutério **233 com um** rendimento de 80%, com mais de 95% do deutério incorporado no produto de ciclização. Este resultado mostra que o H_2O foi introduzido nos 4-piranos. [18]Além disso, uma experiência marcada com O mostrou que o H_2O reagiu com as diinonas para formar 4-pironas **233** (Esquema 5.27).

Em primeiro lugar, o carbonilo do substrato de diinona 232 foi ativado por TfOH, seguido de adição nucleofílica de H_2O à ligação tripla carbono-carbono da diinona e tautomerização ceto-enólica para formar o intermediário **A**. O intermediário **A foi** então convertido em **B** por protonação e rotação da ligação C-C, promovida por temperatura elevada. Em seguida, o ataque nucleofílico intramolecular do grupo oxidrilo na ligação tripla carbono-carbono de **B** levou à formação do intermediário de ciclização **C**. Finalmente, a desprotonação de **C** deu origem à 4-pirona **233** desejada (Esquema 5.28).

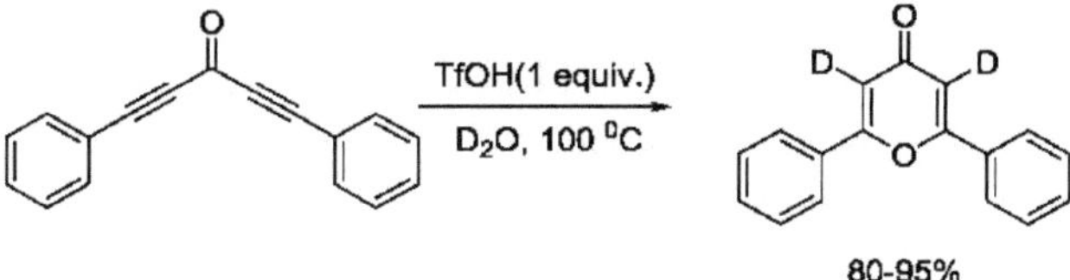

Figura 5.28. Mecanismo plausível para a síntese de 4-pironas.

5.6 Piridina

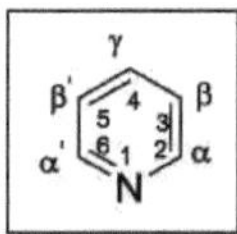

A síntese de Hantzsch, desenvolvida em 1882, é talvez a mais conhecida das várias formas possíveis de construir o anel piridina. Numa condensação de quatro componentes, duas moléculas de um composto dicarbonílico reagem com um aldeído e amoníaco para formar 1,4-dihidropiridinas, que podem ser desidrogenadas em piridinas [3].

Sobre as cicloadições: Historicamente, a primeira delas foi a adição de um dienófilo a um oxazole; utilizando acrilonitrilo, o composto cianídrico perde-se por aromatização e o oxigénio do oxazole fica retido (dando 3-hidroxipiridinas), e utilizando ácido acrílico, o oxigénio perde-se sob a forma de água [18].

A Ugi-4CR entre o aldeído cinâmico **234**, o ácido benzoilfórmico **235**, as aminas **15** e o ciclo-hexilisocianeto **42a** deu origem aos seguintes produtos de condensação

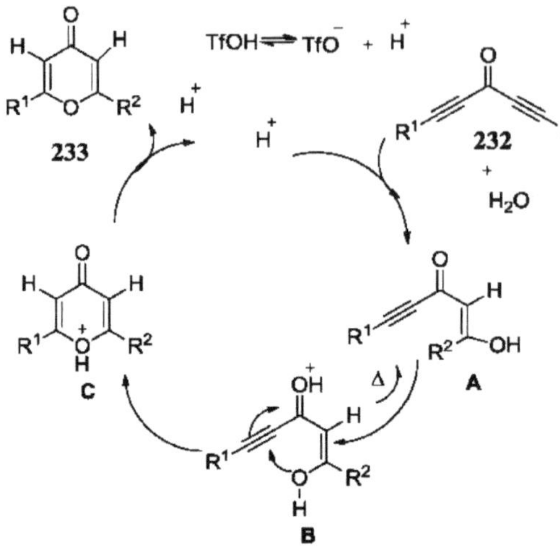

236, que ciclizaram em condições básicas com elevado rendimento em 1,6-di-hidro-6-oxopiridina-2-carboxamidas **237** (Esquema 5.29) [19].

Esquema 5.29. Síntese das 1,6-di-hidro-6-oxopiridina-2-carboxamidas.

Síntese unipotente de pirazolo[4,3:5,6]pirido[2,3-d]pirimidinadionas **238** através de uma reação de cinco componentes com hidrato de hidrazina **151**, acetoacetato de etilo **152** e ácido 1,3-dimetilbarbitúrico **40a**, um arilaldeído adequado **49a** e acetato de amónio, catalisado por catálise heterogénea e homogénea em água, foi relatado por Heravi et al. em 2016 (Esquema 5.30) [20].

Em 2014, Daryabani e Khaksar sintetizaram derivados de piridina altamente substituídos a partir de 1,3-indanodiona **143**, aldeído, cetonas aromáticas **239** e acetato de amónio em 2,2,2-trifluoroetanol (TFE). Esta ciclocondensação de quatro componentes, num só frasco, conduziu à formação de derivados de indeno[1,2-b]piridina **240** (Esquema 5.31) [21].

Um protão de TFE é transferido para o átomo de oxigénio do aldeído. O átomo de carbono da carbonila é então atacado pelo nucleófilo 1,3-indanodiona **143 para** formar o intermediário **I**. O segundo intermediário importante é a enamina **II**, que se forma a partir da acetofenona **239** e do acetato de amónio. A condensação destes dois fragmentos dá origem ao intermediário **III**, seguido de ciclização intramolecular para obter o produto final. Pode assumir-se que a exclusão de água do TFE favorece a formação da imina e do intermediário **I** (Figura 5.32).

Ph CHO 234 + NC 42a a Ph CONHc-C6H11 N-R O Ph O b Ph CONHc-C6H11 N-R Ph O

Ph CO2H O 235 R-NH2 15 236 237

40a + NH4OAc -H2O 238

152 + H2N-NHR 151 153

153 + 40a + NH4OAc + 49a Cat. H2O, ref. 238

152 + H2N-NHR 151 153

ZnO Ar H 49 -H2O Ar N R

Esquema 5.30. Síntese de pirazolo[4,3:5,6]pirido[2,3-d]pirimidina-dionas.

143 + 49 + 239 + NH4OAc TFE 80 ºC, 2 h 240

Esquema 5.31. Síntese de derivados de piridina substituídos.

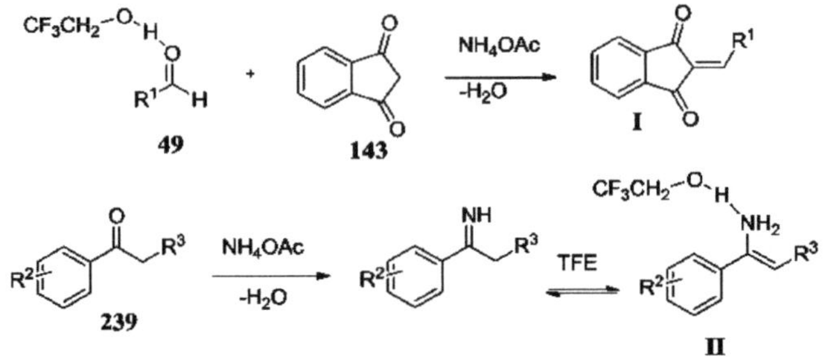

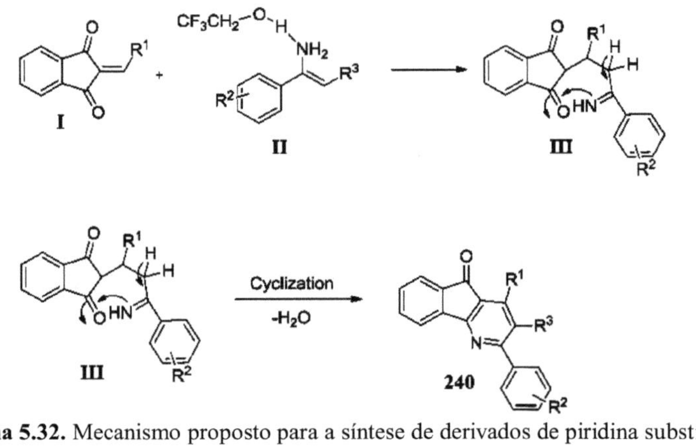

Esquema 5.32. Mecanismo proposto para a síntese de derivados de piridina substituídos.

Em 2010, Bazgir et al. relataram um processo de três componentes para a síntese de espiro[indolin-3,4-pirazolo[3,4-b]piridina]-2,6(10H)-dionas **243** através da reação de 4-hidroxicumarina **241**, isatinas **221** e 1H-pirazol-5-aminas **242** em água sob irradiação ultra-sónica (Esquema 5.33) [22].

No diagrama 5.34 apresentam-se duas possibilidades judiciosas. A adição da 4-hidroxicumarina **241** à isatina **221** conduz, através de uma adição nucleofílica padrão, ao produto intermédio altamente reativo **C. A** captura de **C** pela 1H-pirazol-5-amina **242**, seguida de ciclização, produz o espirooxindole **243** correspondente (via A). A isatina **221** e a 1H-pirazol-5-amina **242** reagem para formar o produto intermédio altamente reativo **D**, seguido de adição nucleofílica com a 4-hidroxicumarina **241** e ciclização para formar o espirooxindol **243** (via B).

Esquema 5.33. Síntese de espiro[indolin-3,4-pirazolo[3,4-b]piridina]-2,6(10H)-dionas.

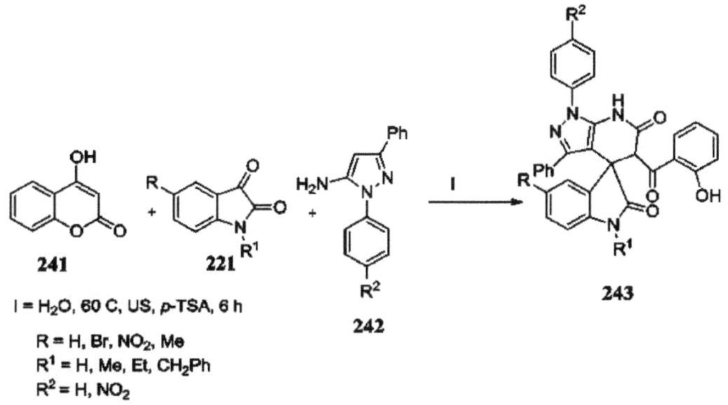

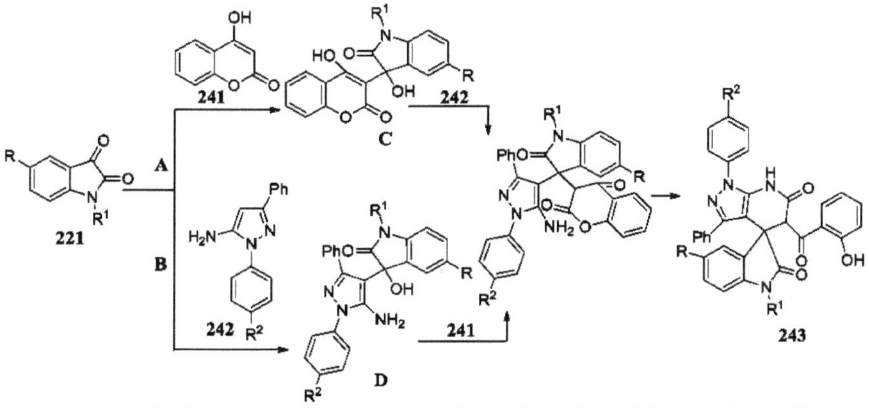

Esquema 5.34. Mecanismo proposto para a síntese de espiro[indolin-3,4-pirazolo[3,4-b]piridina]-2,6(10H)-dionas.

Em 2017, Bayat et al. desenvolveram a síntese multicomponente one-pot de sistemas heterocíclicos fundidos com imidazopiridina e piridopirimidina **142** a partir de diaminas **133** prontamente disponíveis, l,l-bis (metiltio) -2-nitroeteno **134**, cianoacetohidrazida **140** e aldeídos aromáticos **49 em** rendimentos bons a altos (Esquema 5.35) [23].

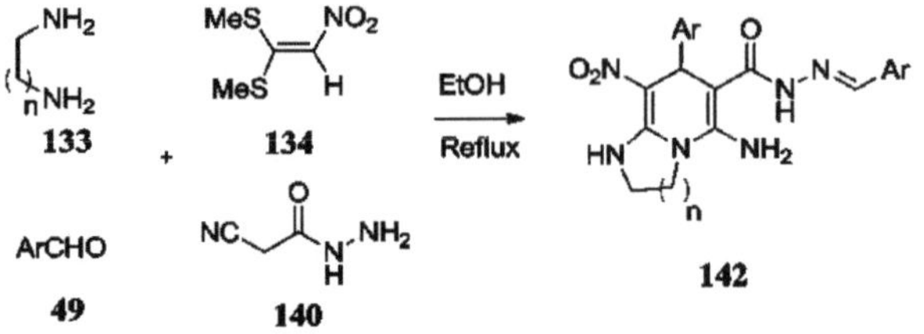

Esquema 5.35. Síntese de sistemas heterocíclicos fundidos de imidazopiridina e piridopirimidina

Em primeiro lugar, a reação entre a diamina **133a** e o 1,1-bis(metiltio)-2-nitroeteno **134 dá origem** ao nitroceteno aminal **136**, enquanto a condensação da cianoacetohidrazida **140** com o aldeído **49 dá origem ao** aduto **141**. O nitroceteno aminal **136** e o aduto **141** sofrem então uma adição de Michael para formar o intermediário **D**, que sofre tautomerização sucessiva de imina-enamina, seguida de adição nucleofílica do grupo amino secundário ao grupo ciano, levando à formação de **142** (esquema 5.36).

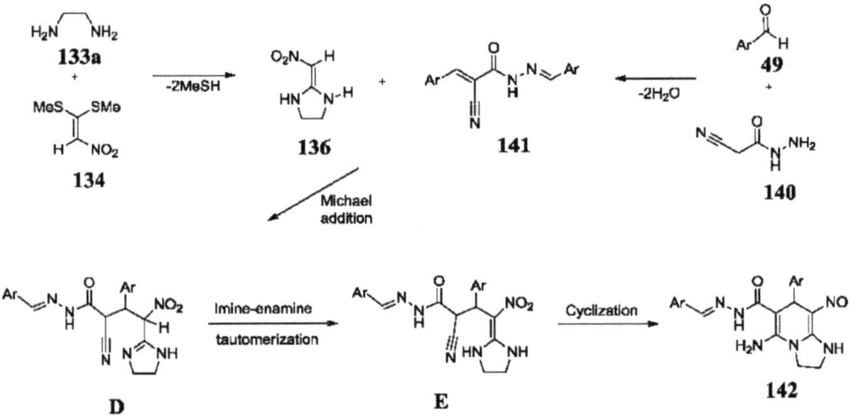

Esquema 5.36. Mecanismo proposto para a síntese de sistemas heterocíclicos fundidos de imidazopiridina e piridopirimidina.

Também em 2016, descreveram a síntese one-pot e multicomponente de derivados de benzo[g]imidazo[1,2-a]quinolineinediona **138** a partir de materiais de partida prontamente disponíveis, como etilenodiamina **133a**, 1,1-bis(metiltio)-2-nitroeteno **134**, 2-hidroxi-1,4-naftoquinona **135** e aldeídos aromáticos **49** (Esquema 5.37) [24].

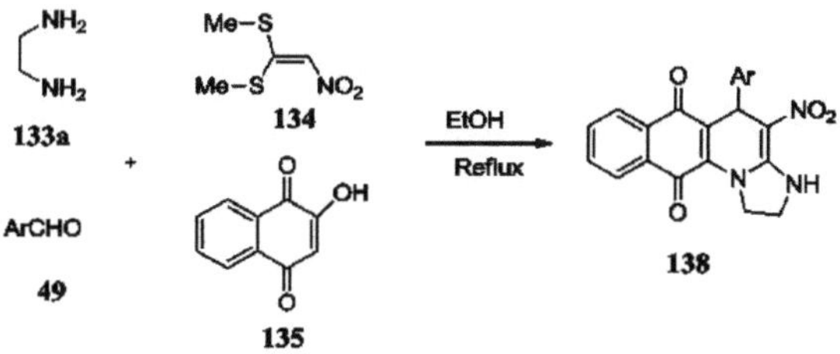

Esquema 5.37. Síntese de derivados de benzo[g]imidazo[1,2-a]quinolina diona.

Em primeiro lugar, a adição da etilenodiamina **133a** ao 1,1-bis(metiltio)-2-nitroeteno **134 conduz à** formação do ceteno aminal **136**, enquanto a condensação de Knoevenagel entre o aldeído **49** e a 2-hidroxi-1,4-naftoquinona **135** dá origem ao produto intermédio **137**. O aminal-ceteno **136** é então adicionado ao aduto de Knoevenagel **137 para dar o** produto intermédio **A**, que sofre tautomerizações sucessivas de imina-enamina, seguidas de adição nucleofílica do grupo amino secundário ao grupo carbonilo mais reativo, para dar o produto **138**. O produto intermédio **A** pode ser potencialmente ciclizado de duas formas. A análise dos dados espectrais mostrou que o produto **139** da via B não foi formado (o desvio químico do carbono carbonílico para 6 é especialmente protegido por mais de 190 ppm), e a reação de quatro componentes descrita mostra uma elevada regiosselectividade para a formação do produto **138** (Esquema 5.38).

Em 2017, Bayat et al. descreveram uma síntese multicomponente one-pot de derivados heterocíclicos fundidos com indenona **145** a partir de materiais de partida prontamente disponíveis, como diaminas **133**, 1,1-bis (metiltio) nitroeteno **134**, 1,3-indanediona **143** e aldeídos aromáticos **49**, em excelentes rendimentos (Esquema 5.39) [25].

A sequência de reacções em cascata inclui a condensação de Knoevenagel, a formação de enamina, a adição de Michael, a tautomerização da imina-enamina e a ciclização (Figura 5.40).

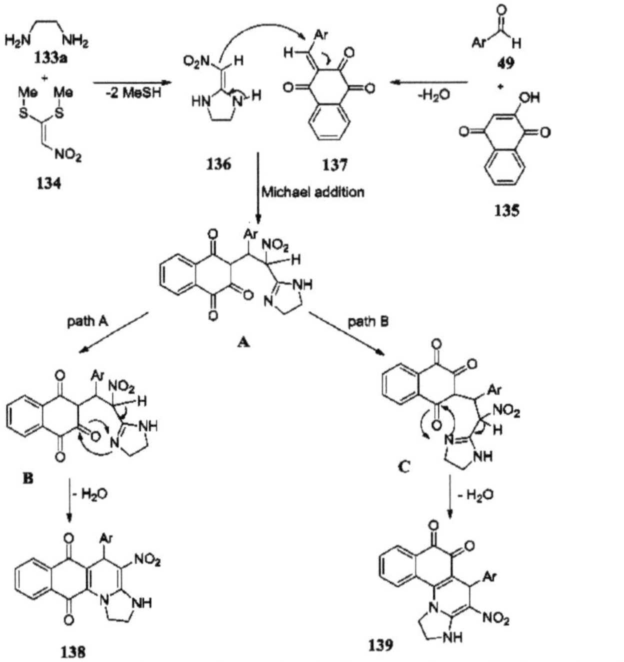

Esquema 5.38. Mecanismo plausível para a síntese de derivados de benzo[g]imidazo[1,2-a]
quinolina diona.

Esquema 5.39. Síntese de derivados heterocíclicos fundidos com indenona.

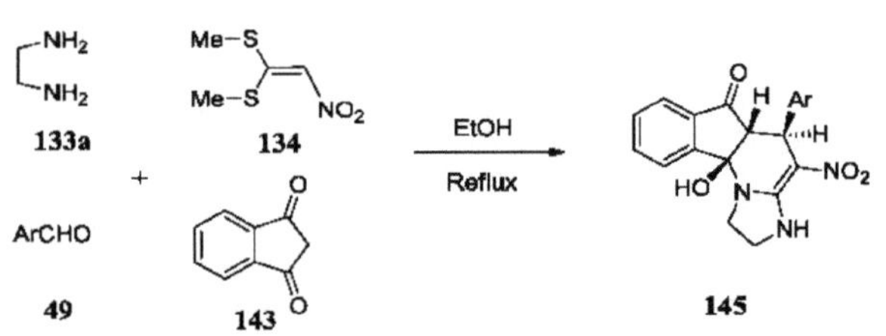

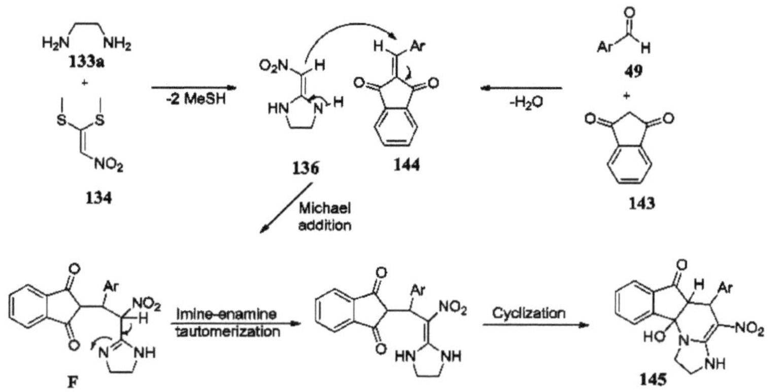

Esquema 5.40. Mecanismo proposto para a síntese de derivados heterocíclicos condensados em adenona.

Em 2011, 2 piridonas **244** altamente funcionalizadas foram sintetizadas por Bayat et al. através de uma reação em tandem entre aminas primárias **79** e ésteres de ácido acetilénico **45** na presença de *N-metilimidazol* como organocatalisador (Esquema 5.41) [26].

Esquema 5.41. Síntese de 2-piridonas altamente funcionalizadas.

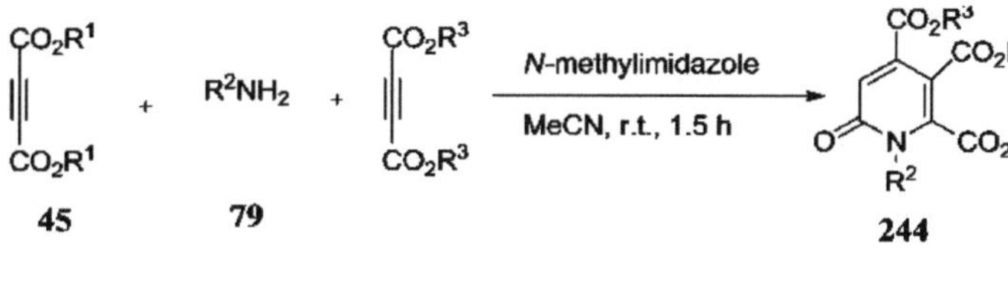

É provável que o intermediário zwitteriónico **I**, formado a partir do N-metilimidazol (R3N) e do éster de acetileno **45**, seja protonado pelo enaminoéster **II,** formado in situ a partir da amina primária **79** e do éster de acetileno **45**, para formar os intermediários **III** e **IV**. O ataque nucleofílico da base conjugada **III** ao intermediário **IV** dá origem ao aduto **V**, que sofre duas deslocações de protões para formar o novo intermediário zwitteriónico **VI**. Por fim, a ciclização intramolecular conduz a **VII**, que é convertido em **244** por eliminação do *N-metilimidazol* (esquema 5.42).

Esquema 5.42. Mecanismo proposto para a síntese de 2-piridonas altamente funcionalizadas.

Em 2017, Bayat et al. descreveram a síntese one-pot de pirido[1,2-a]pirimidinas e imidazo[1,2-a]piridinas **246** numa reação de três componentes de diamina **133**, nitroceno (1,1-bis(metilsulfanil)-2-nitroeteno) ditioacetal **134** e derivados de ácido cumarínico-3-carboxílico **245** em EtOH sob condições de refluxo (Esquema 5.43) [27].

Esquema 5.43. Síntese de pirido[1,2-a]pirimidinas e imidazo[1,2-a]piridinas.

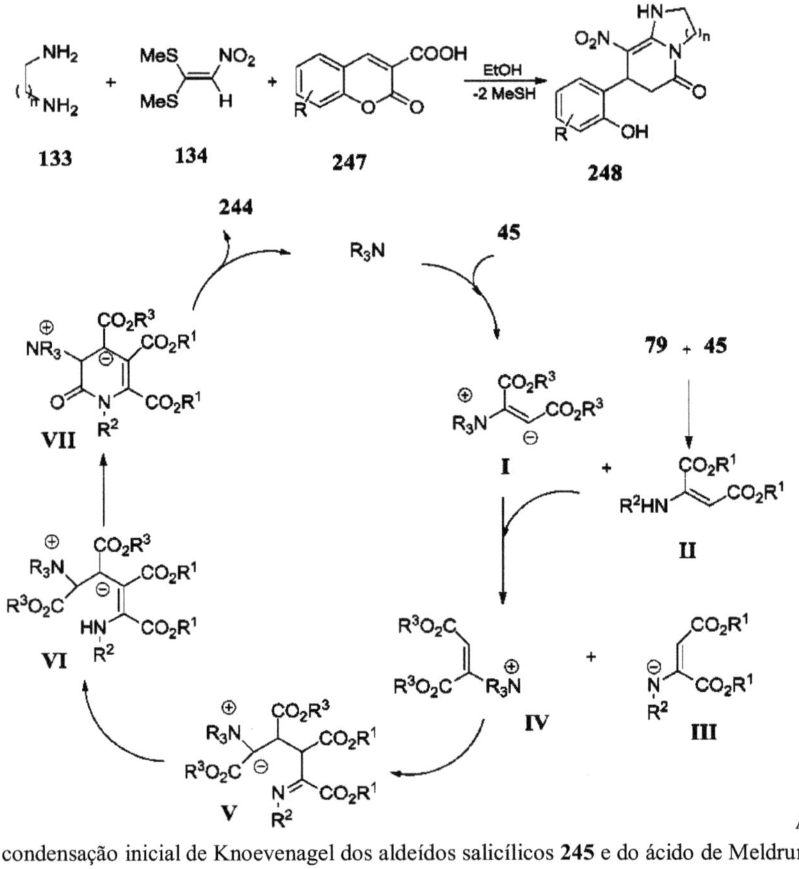

A condensação inicial de Knoevenagel dos aldeídos salicílicos **245** e do ácido de Meldrum **246** na presença de K2CO3 em água à temperatura ambiente conduz à formação do composto **247**. O ataque subsequente do HKA **136** (formado in situ pela reação de **133** com **134**) ao grupo C=O e a abertura do resíduo de ácido cumarínico-3-carboxílico **247 são seguidos** de descarboxilação para obter os produtos **248** (esquema 5.44).

Esquema 5.44. Mecanismo plausível para a síntese de pirido[1,2-a]pirimidinas e imidazo[1,2-a]piridinas.

5.7 Piridazina

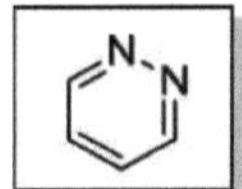

Os compostos saturados e *a,^-insaturados*, os compostos 4-dicarbonílicos são ciclocondensação com hidrazina através da hidrazona para 1,4-dihidropiridazinas ou piridazinas.

A ciclocondensação de 1,2-dicetonas, ésteres de a-metileno reactivos e hidrazinas conduz, na sua forma mais simples, a uma reação num único local, à piridazina-3(2H)-uneno (síntese de Schmidt-Druey).

Os derivados da piridazina são também obtidos por cicloadição [4 + 2]. As tetrahidropiridazinas, por exemplo, são preparadas por uma reação de Diels-Alder a partir de 1,3-dienos com um éster de ácido azodicarboxílico. As piridazinas são preparadas por adição de alcinos a 1,2,4,5-tetrazinas, seguida de uma reação de retro-Diels-Alder dos aductos com eliminação de N2 [3].

Em 2013, Khalafy et al. sintetizaram o 3-amino-5-arilpiridazina-4-carbonitrilo **250** através de uma reação de três componentes num único local do malononitrilo **149** com arilglioxais **249** na presença de hidrato de hidrazina **171** à temperatura ambiente em água e etanol (Esquema 5.45) [28].

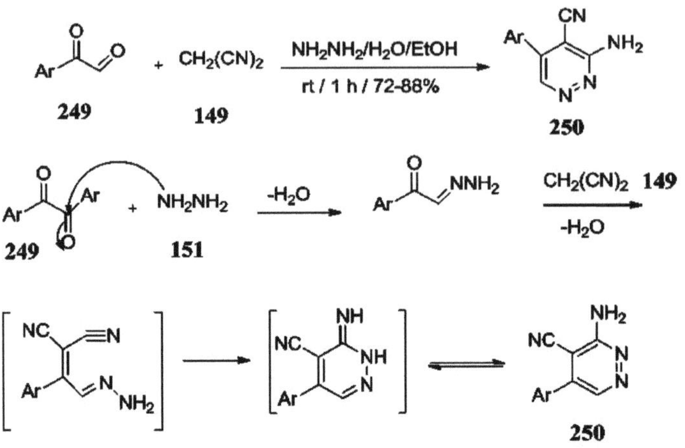

Esquema 5.45. Síntese de 3-amino-5-arilpiridazina-4-carbonitrilas.

Em 2014, Ibrahim et al. desenvolveram uma rota geral para a síntese de uma nova classe de derivados de piridazina-3-ona **253** através da reação de 3-oxo-2-aril-hidrazonopropanais **251** e alguns compostos metilénicos ativos, como o ácido p-nitrofenilacético e o ácido cianoacético **252** em anidrido acético. Nestas condições, os derivados de piridazina-3-ona **253 foram os** únicos produtos isoláveis formados com excelente rendimento (Esquema 5.46) [29].

Esquema 5.46. Síntese dos derivados de piridazina-3-ona.

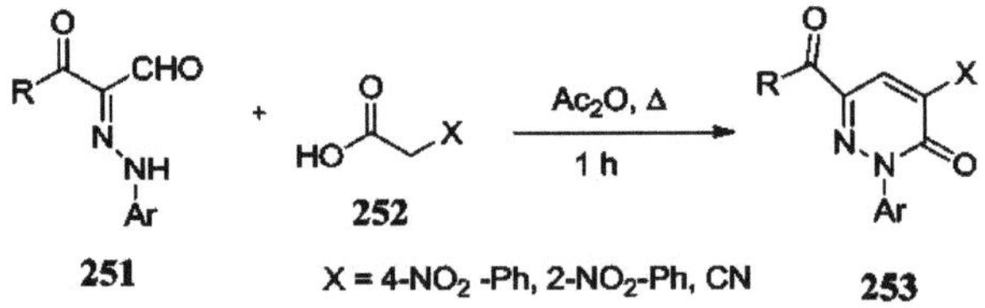

Um mecanismo plausível envolve uma reação de condensação entre os dois substratos **251** e **252**, que produz o intermediário alquilideno **A**, que é depois ciclizado pela remoção de outra molécula de água para formar as piridazin-3-onas **253**. Como mostra este mecanismo, só são possíveis duas eliminações sucessivas de moléculas de água na presença de anidrido acético

como meio de reação foram necessários para obter apenas a piridazina-3-ona **253** (Esquema 5.47).

Esquema 5.47. Mecanismo plausível para a síntese de uma nova classe de derivados de piridazina-3-ona.

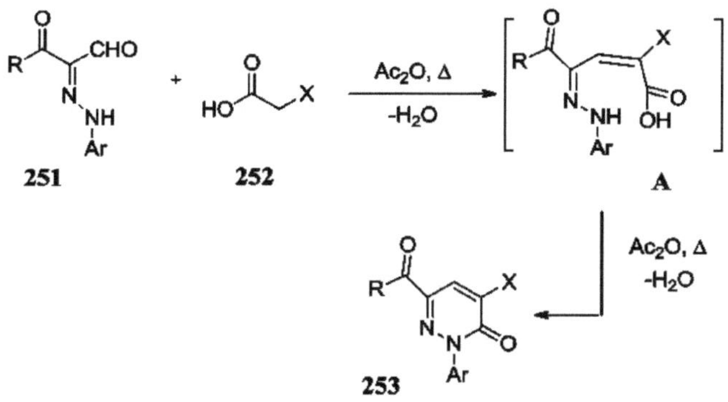

5.8 Pirimidina

1- Síntese de Pinner: num processo normalizado, as 1,3-dicetonas são ciclocondensadas com amidinas, ureias, tioureias e guanidinas para dar origem a pirimidinas 4,6-di- e 2,4,6-trissubstituídas, 2-pirimidonas, 2-tiopirimidonas e 2-aminopirimidinas, respetivamente.

2- Síntese de Remfry-Hull: síntese de pirimidinas a partir de 1,3

Os diaminopropenos e os propanos são menos importantes. A ciclocondensação catalisada por bases de malonamidas com ésteres de ácidos carboxílicos conduz a 6-hidroxipirimidina-4(3H)-onas.

Em 2012, Alizadeh e colaboradores descreveram uma via concisa e eficiente para a síntese de pirimido[1,6-a]pirimidinas e imidazo[1,2-

c]pirimidinas **255** através de um procedimento simples utilizando uma mistura reacional de várias aminas ceténicas heterocíclicas **136** e *N,N-bis*(arilmetilideno)arilmetano **254** (Esquema 5.48) [30].

Esquema 5.48. Síntese de pirimido[1,6-a]pirimidinas e imidazo[1,2-c]pirimidinas

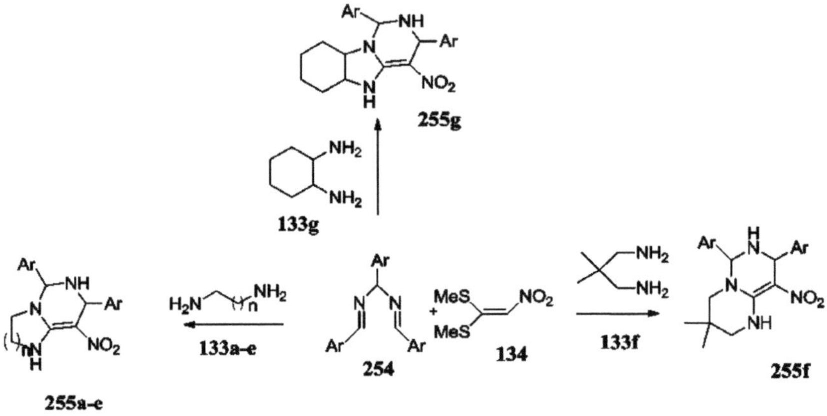

O composto **255a** pode resultar da adição inicial de etilenodiamina **133a** ao 1-bis(metiltio)-2-nitroetileno **134,** seguida do ataque do composto reativo **136** ao composto **254 para obter o** intermediário **B**. A ciclização de **B** e a subsequente perda do aldeído conduzem ao composto **255a** (esquema 5.49).

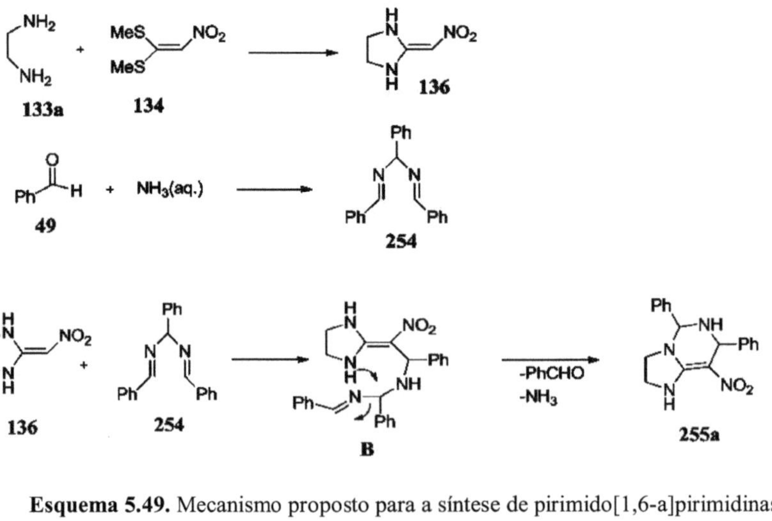

Esquema 5.49. Mecanismo proposto para a síntese de pirimido[1,6-a]pirimidinas e

imidazo[1,2-c]pirimidinas.

Em 2016, Hao et al. relataram uma estratégia de biciclização de três componentes para a síntese eficiente de pirazolo[3,4-d]-tiazolo[3,2-a]pirimidinas **258** densamente funcionalizadas a partir de arilaldeídos **49** prontamente disponíveis, cetonas de "-tiocianato **256** e pirazol-5-aminas **257** (Esquema 5.50) [31].

Esquema 5.50. Síntese de pirazolo[3,4-d]-tiazolo[3,2-a]pirimidinas.

Propõe-se um mecanismo razoável para a formação das pirazolo[3,4-d]tiazolo[3,2-a]pirimidinas 4 (Esquema 5.51). Devido à elevada reatividade do grupo tiocianato, ocorre uma adição nucleofílica em cascata/5-exo-disparador entre a a-tiocianato-cetona **256** e a pirazol-5-amina **257, originando** o intermediário tiazólico **A**; a reação com o aldeído aromático **49** ocorre **então** para formar o intermediário **B**. Este intermediário é então desidratado e sujeito a uma reação com o aldeído aromático **49.** Este intermediário é depois desidratado e submetido a uma 6-endo-trig-ciclização intramolecular para obter o intermediário **D**, que é transformado no produto final **258** por transferência de protões.

Esquema 5.51. Mecanismo proposto para a síntese de pirazolo[3,4-d] -tiazolo[3,2-a]pirimidinas densamente funcionalizadas

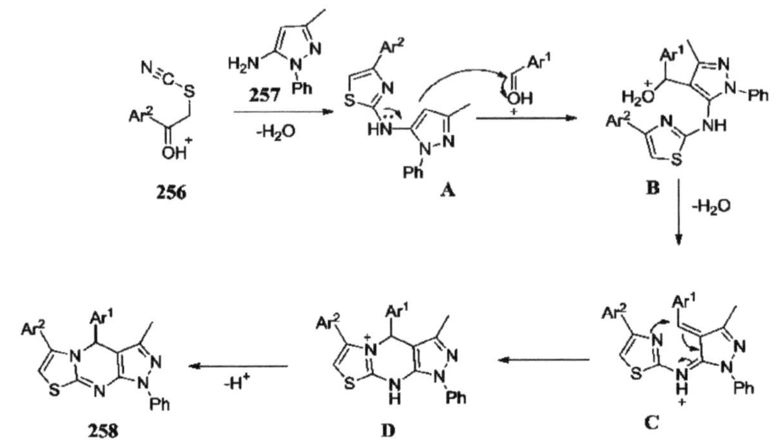

A síntese da pirimidina **261**, catalisada por NaOH em meio aquoso sob irradiação ultrassónica, foi desenvolvida em 2014 por Pagadala e colaboradores (Esquema 5.52) [32].

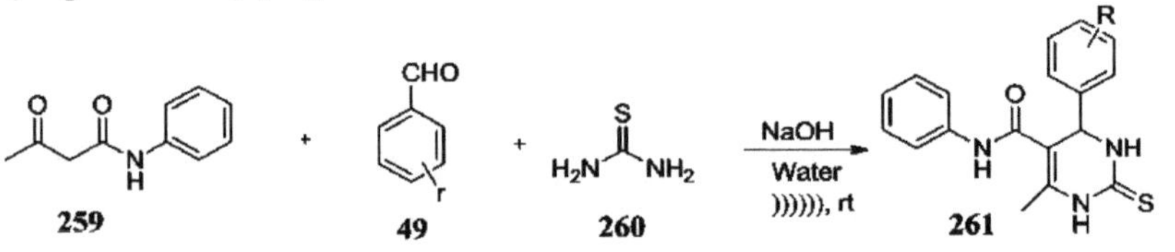

Bayat et al. relataram em 2016 uma série de novos derivados de quinazolin-4(3H)-ona **264 a partir de** anidrido isatóico. Em primeiro lugar, as 2-aminobenzamidas **263** foram obtidas pela reação de anidrido isatóico **262** e aminas **15** em H_2O à temperatura ambiente. A reação de 2-aminobenzamidas e de vários isotiocianatos de arilo **147** em DMF a 80°C, promovida por CuBr/Et3N, forneceu então os compostos do título com bom rendimento (Esquema 5.53) [33].

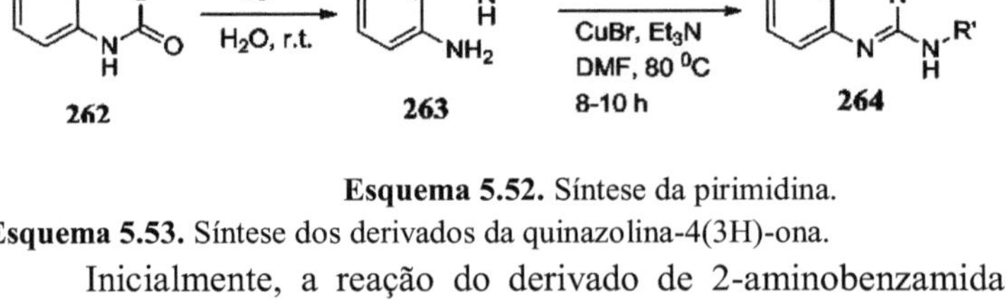

Esquema 5.52. Síntese da pirimidina.

Esquema 5.53. Síntese dos derivados da quinazolina-4(3H)-ona.

Inicialmente, a reação do derivado de 2-aminobenzamida **263** com o isotiocianato **147 conduziu ao** produto intermédio **A**, que foi dessulfurado para dar a carbodiimida **B.** Esta foi convertida no produto correspondente **264** por uma reação de ciclização (Figura 5.54).

Esquema 5.54. Mecanismo proposto para a síntese de derivados da quinazolina-4(3H)-ona.

Scheme 5.55. Formation of 2-thioxoquinazolinone derivatives.

Pode presumir-se que a formação de derivados de 2-tioxoquinazolinona **C a** partir da reação dos compostos **263** e **147 esteve envolvida no** mecanismo de reação relatado. Para este fim, a reação de **C** e várias aminas **15** foi estudada na presença de vários agentes dessulfurantes. Verificou-se que não foi obtido qualquer produto desejado, confirmando o facto de esta via não ser possível (Esquema 5.55).

5.9 Pirazina

1.2- Os compostos dicarbonílicos e os 1,2-diaminoetanos condensam-se (com a formação de uma imina dupla) em 2,3-dihidropirazinas, que são oxidadas em pirazinas com CuO ou MnO2 em KOH/etanol.

A síntese clássica da pirazina envolve a auto-condensação de duas moléculas de um composto a-aminocarbonílico para dar 3,6-dihidropirazina, seguida de oxidação, geralmente em condições suaves, para pirazina [3].

O Ugi-4CR permite um acesso fácil a precursores de anéis de pirazina adequados para a ciclização de Davidson. A reação entre arilglioxais **249**, aminas **181**, isocianetos **42** e ácido benzoilfórmico **265** em éter deu origem a adutos **266** que, quando tratados com um excesso de acetato de amónio em ácido acético, ciclizaram em carboxamidas de pirazina **267** (Esquema 5.56) [34].

a = Et_2O, rt, 3d, 42-77%
b = NH_4AcO (25 equiv.) AcOH, 3 h, reflux, 67-85%

Ar = Ph, 4-MeC_6H_4, 4-$MeOC_6H_4$, 4-MeC_6H_4, 4-ClC_6H_4
R = 4-MeC_6H_4, 4-$MeOC_6H_4$, 4-MeC_6H_4, 4-ClC_6H_4, 3-ClC_6H_4, 4-$ClOC_6H_4CH_2$
R^1 = 4-MeC_6H_4, *c*-C_6H_{11}, *n*-C_6H_{13}

Esquema 5.56. Síntese das carboxamidas de pirazina.

Em 2016, Mohebat e colegas descreveram uma reação de condensação de três componentes entre 2-hidroxinaftaleno-1,4-diona **135**, benzeno-1,2-diaminas **268** e ésteres acetilénicos **50 na** presença de uma quantidade catalítica de DABCO como um catalisador de base adequado, ecológico e reutilizável em água, que levou a compostos de pirazina polifuncionalizados **269** (Esquema 5.57) [35].

Esquema 5.57. Síntese de compostos de pirazina polifuncionalizados.

Com base neste mecanismo, a 2-hidroxinaftaleno-1,4-diona **135** tautomatiza primeiro para formar o intermediário **I**. A condensação primária da 4-hidroxi-1,2-naftoquinona **I** com a benzeno-1,2-diamina **268** dá origem ao benzo[a]fenazina-5-ol **II**. Em seguida, devido à nucleofilicidade do DABCO, a adição nucleofílica do DABCO ao éster do ácido acetilénico **50 é seguida** de protonação na presença do composto **II** para formar o intermediário **III**, seguida de ataque do anião à parte catiónica do intermediário **III** para formar o intermediário **IV**. A lactonização intramolecular do intermediário **IV** conduz ao composto **269** (esquema 5.58).

Esquema 5.58. Mecanismo plausível para a síntese de compostos polifuncionalizados de pirazina.

5.10 1,4-dioxinas, 1,4-ditiina, 1,4-oxatiina

As tetraaril-1,4-dioxinas **271** são formadas por ciclocondensação das "-hidroxicetonas **270** com HC1 em CH_3OH, seguida de eliminação redutora dos acetais intermédios **A** e **B** com Zn/anidrido acético (Esquema 5.59) :

Esquema 5.59. Síntese de tetraaril-1,4-dioxinas.

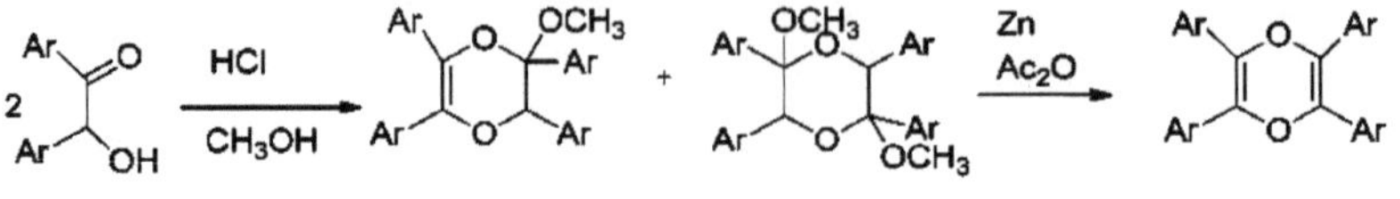

270 **A** **B** **271**

As tetra-aril-1,4-ditiinas **274** são obtidas por fotólise de 4,5-diaril-1,2,3-tiadiazóis **272**, com eliminação de N2 e contração do anel para obter tiirenos **273**, que dimerizam para formar o sistema ditiina (Figura 5.60).

Esquema 5.60. Síntese de tetraaril-1,4-ditiinas.

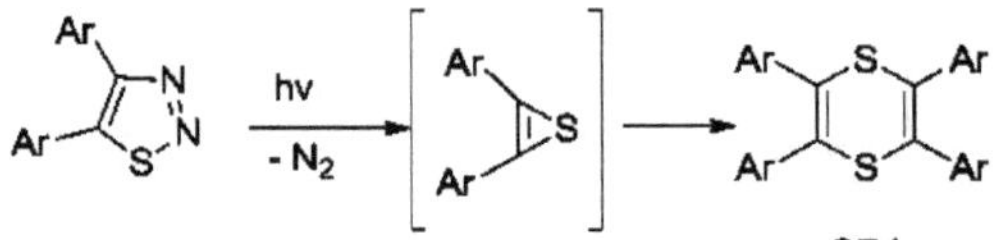

272 **273** **274**

As dibenzo-1,4-dioxinas **277** são preparadas a partir de o-halofenóis **275** por tratamento com pó de Cu na presença de K2CO3 ou a partir de sais de 2-(2-hidroxifenoxi)diazónio **276** (esquema 5.61) [126] :

Esquema 5.61. Síntese das dibenzo-1,4-dioxinas.

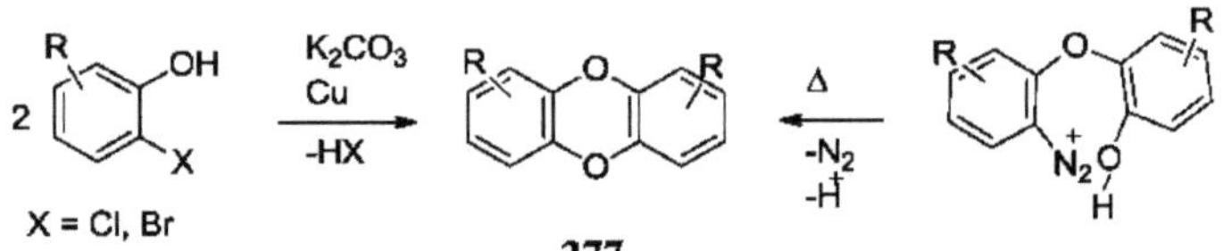

277

275 **276**

As fenoxatiinas **279** são obtidas pela interação do éter difenílico **278** com enxofre na presença de A1C13 (esquema 5.62) [3].

Esquema 5.62. Síntese das fenoxatiinas.

278 279 (R = H: 87%)

5. 111,3-Oxazina

A síntese mais importante é a ciclocondensação catalisada por ácido de cianetos de alquilo com propanodiol.

1.3- As oxazinonas estão disponíveis em diversas variantes estruturais. Por exemplo, as L,3-oxazin-4-onas 2-substituídas são obtidas por cicloadição de cetenos a isocianatos. Uma segunda molécula de ceteno acriliza a função OH do produto, dando o correspondente derivado O-acetilado.

1.4- Os sais de oxazínio são análogos 3-aza dos sais de pirílio. São obtidos por ciclocondensação de cetonas de -clorovinilo com nitrilos ou por ciclocondensação de alcinos com cloretos de N-acilmetanoimidoilo, catalisada por SnC14 [3].

Turgut et al. conseguiram preparar 1,3-dissubstituídos *2,3-dihidro-1H-naft*[1,2 e][1,3]oxazinas **281** por reacções de ciclização de aminobenzilnaftóis com arilaldeídos e heteroarilaldeídos substituídos (Esquema 5.63) [36].

A condensação one-pot de -naftol **280**, aldeídos aromáticos **49** e ureia **282** com nano-Fe2O3 em condições sem solventes conduziu a alguns derivados de 1,3-oxazina-3-ona **283** (Esquema 5.64) [37].

280 49 282 Nano-Fe_3O_3 Solvent-Free/140 °C 283

Esquema 5.64. Síntese dos derivados da 1,3-oxazina-3-ona.

5. 121,4-Oxazina

A protonação do intermediário reativo 1:1, que se forma durante a reação entre derivados de fosfina e acetilenodicarboxilatos de dialquilo **45** com 1-nitroso-2-naftol **284a** ou 2-nitroso-1-naftol **284b**, conduz a um sal de vinilfosfónio.

que **é convertido** em derivados de 1,4-oxazina **285** numa reação de Wittig intramolecular sem catalisador e com bom rendimento (Esquema 5.65) [38].

Esquema 5.65. Síntese dos derivados da 1,4-oxazina.

Com base na química conhecida dos fosforonucleófilos trivalentes, pode presumir-se que o composto **A** resulta da adição inicial de trifenilfosfina **51a** ou tri-m-tolilfosfina **51b** ao diéster de acetileno **45**, seguida da protonação do aduto 1:1 pelo 1-nitroso-2-naftol **284a**. Em seguida, o intermediário iónico **B,** carregado positivamente, é atacado pelo anião conjugado do 1-nitroso-2-naftol **284a para formar o** ylide **C**, e a ciclização deste intermediário zwitteriónico dá origem ao oxafosforano **D**, que sofre uma reação de Wittig intramolecular para produzir óxido de trifenilfosfina e o produto **285a** (esquema 5.66).

A síntese das 1,4-benzoxazin-3-(4H)-onas **289** foi descrita em 2011 por Ramesh et al. O método envolve a ciclização redutiva de adutos de 2-(2-nitrofenoxi) **286**, acetonitrilo 287 na presença de Fe/ácido acético (Esquema

5.67) [39].

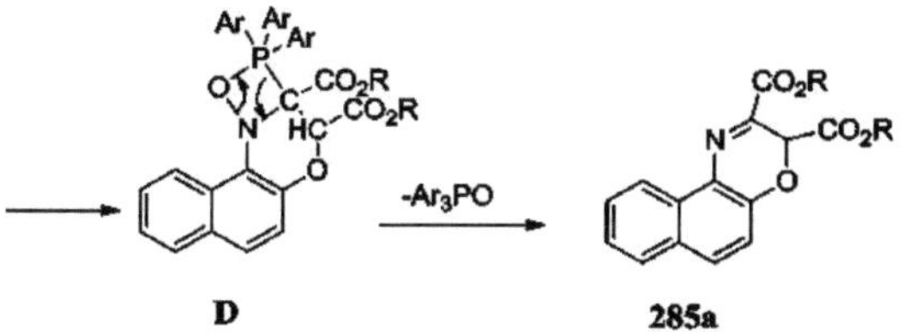

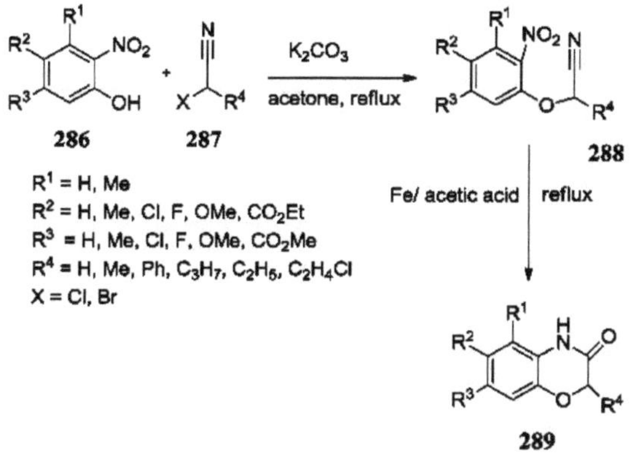

Esquema 5.66. Mecanismo proposto para a síntese de derivados da 1,4-oxazina.

Esquema 5.67. Síntese das 1,4-benzoxazina-3-(4H)-onas.

Jiang et al. conseguiram sintetizar quinoxalinas substituídas **294** e 2-H-benzo[b][1,4]oxazinas **293** a partir das reacções de n-bromo-cetonas **290** com benzeno-1,2-diamina **292** **ou** 2-aminofenol **291**, catalisadas por brometo de tetrabutilamónio (TBAB) em meio aquoso básico (esquema 5.68).

Esquema 5.68. Síntese de quinoxalinas e *2H-benzo*[b][1,4]oxazinas substituídas.

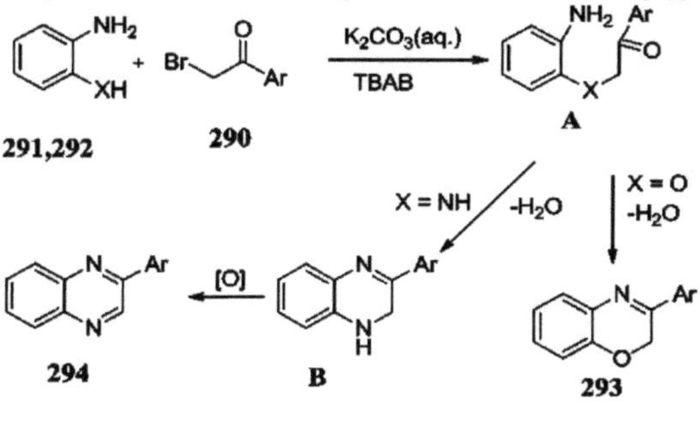

K$_2$CO$_3$(aq.)
TBAB

290 291 293

Esquema 5.69. Mecanismo plausível para a síntese de quinoxalinas e 2H-benzo[b][1,4]oxazinas substituídas.

5.13 Triazinas

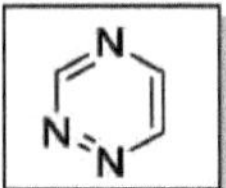

Os isómeros 1,3,5 mais comuns são preparados por trimerização de compostos de nitrilo e cianeto. São utilizados métodos mais específicos para as triazinas 1,2,3 e 1,2,4. A primeira família de triazinas pode ser sintetizada por rearranjo térmico de 2-azidociclopropenos. O isómero 1,2,4, que também tem um interesse especial, é obtido por condensação de compostos de 1,2-dicarbonilo com de amidrazona. A síntese da triazina de Bamberg **299** é também uma síntese clássica (Figura 5.70).

HNO$_2$
HCl
297
H$_2$SO$_4$
HOAc

295 296 298 299

Esquema 5.70. Síntese da triazina.

As 1,2,4-triazinas substituídas foram convenientemente preparadas numa panela por condensação de amidas e 1,2-dicetonas na presença de uma base, seguida de ciclização com hidrato de hidrazina.

Em geral, as amidas como a formamida, a acetamida e a benzamida **301**, ao condensarem-se com 1,2-dicetonas aromáticas **300,** formam uma massa gelatinosa que constitui o produto condensado. O produto condensado pode ser ciclizado por tratamento com hidrato de hidrazina para formar triazinas 1,2,4-substituídas estáveis **302**. Em todos estes casos, obtêm-se produtos sólidos. A reação também foi realizada sob irradiação de micro-ondas sem a utilização de solventes (Figura 5.71) [41].

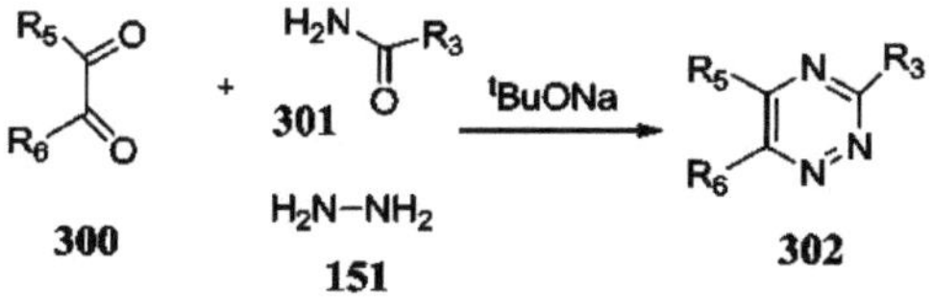

Figura 5.71. Síntese de triazinas 1,2,4-substituídas.

5.14 Oxadiazina

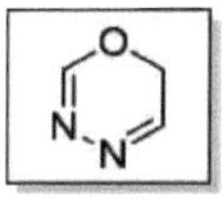

Em 2011, Mohareb et al. desenvolveram a reação da cianoacetil-hidrazina **140** com a-bromocetonas **290**, que deram derivados de hidrazida-hidrazona **303**. Estes últimos compostos foram ciclizados em derivados de 1,3,4-oxadiazina **304** quando aquecidos em éter de sódio (Esquema 5.72) [42].

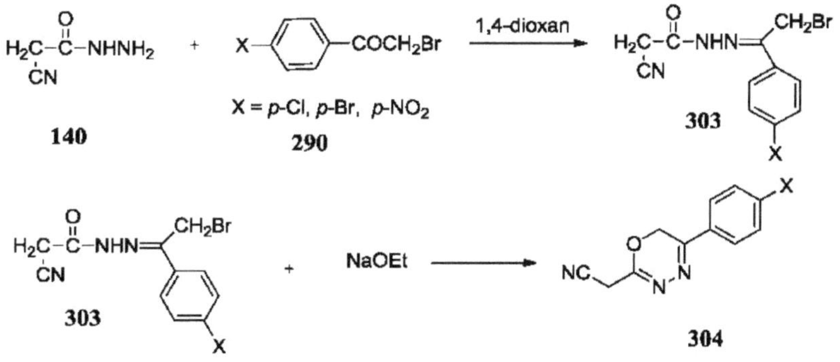

Esquema 5.72. Síntese de derivados de 1,3,4-oxadiazina.

Os derivados da 3,5-oxadiazina **307** podem ser sintetizados por 1,4-cicloadição de isocianatos de arilo **305** ou tiocianatos com bases de Schiff **306** (esquema 5.73).

Esquema 5.73. Síntese de derivados de 1,3,5-oxadiazina.

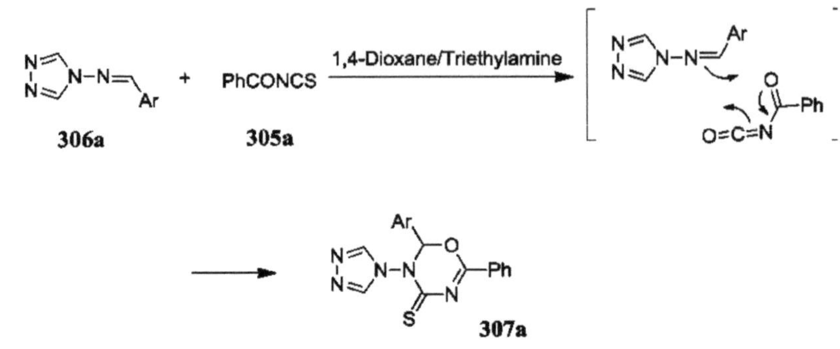
1,4-Dioxane/Triethylamine
PhCONCS
306a
305a
307a

Foram utilizadas diferentes bases de Schiff de 4-amino-1,2,4-triazol **306a** na reação de heterociclização com isotiocianato de benzoílo **305a para obter** os correspondentes derivados de 1,3,5-oxadiazina **307a.** Fikry et al. utilizaram 4-(arilideno-amino)-*4H*-[1,2,4]-triazol como bases de Schiff (Esquema 5.74) [43].

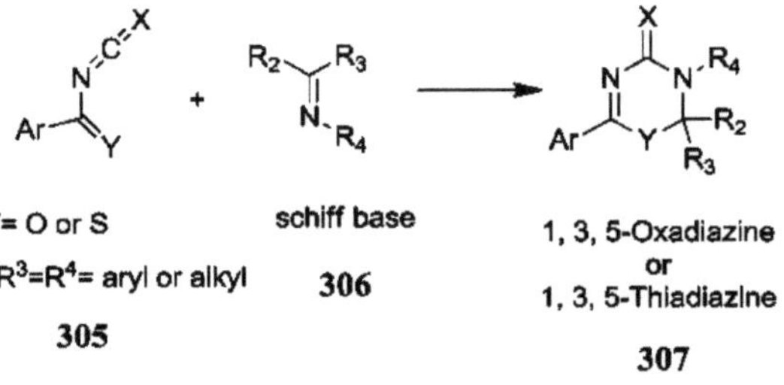
X=Y= O or S
R²=R³=R⁴= aryl or alkyl
305
schiff base
306
1, 3, 5-Oxadiazine
or
1, 3, 5-Thiadiazine
307

Esquema 5.74. Síntese de derivados de 1,3,5-oxadiazina.

Referências :

[1] M. Angelika, P. Bello, P. Kotra. *Tetrahedron Letters* **2003**, *44*, 92719274.

[2] A. Balaban, W. Schroth, G. Fischer. *Avanços em Química Heterocíclica* **1969**, *10,* 241-326.

[3] T. Eicher, S. Hauptmann. *A química dos heterociclos* **2003**.

[4] M. Fan, Z. Yan, W. Liu, Y. Liang. *J. Org. Chem.* **2005**, *70*, 8204-8207.

[5] N. Wang, S. Cai, S. Lu. *Tetrahedron* **2013**, *69*, 647-652.

[6] M. Bayat, Y. Bayat, S. Shafei. *Monatsh Chem.***2011**, *143*, 479-483.

[7] M. Bayat, N. Zebarjad, S. Shafei. *Helvetica Chimica Ata.* **2010**, *93*, 2218-2223.

[8] I. Yavari, M. Bayat. *Tetrahedron* **2003**, *59*, 2001-2005.

[9] p. Singh, P. Shama. Tetrahedron **2009**, *65*, 8478-8485.

[10] J. Lee. *Marine drugs* **2015**, *13*, 1581-1620.

[11] O. Jolodar, F. Shirini, M. Seddighi. *Corantes e Pigmentos* **2016**, *133*, 292-303.

[12] A. Keyume, Z. Esmayil, F. Jun. *Tetrahedron* **2014**, *70*, 3976-3980.

[13] J. Yang, S. Liu, H. Hu, A. Ying. *Jornal Chinês de Engenharia Química* **2015**, *23*, 1416-1420.

[14] M. Bayat, N. Zabarjad, S. Shafei. *Jornal de Química Heterocíclica* **2009**, 1-5.

[15] M. Bayat, H. Imanieh, H. Hosseini. *Jornal Chinês de Química* **2009**, *27*, 2203 - 2206.

[16] F. Matloubi, G. Rezanejade, H. Ismaili. *J. Braz. Chem. Soc.* **2007**, *18*, 1024-1027.

[17] Y. Xu, Q. Teng, W. Tong, H. Wang. *Molecules* **2017**, *22*, 109-123.

[18] A. John, J. Joule, K. Mills. *Química Heterocíclica* **2010**.

[19] C. Meyer, J. Cossy. *Tetrahedron Lett.* ***1997,*** 7861-7864.

[20] M. Héravi, M. Daraie. *Molecules* ***2016***, *21*, 441-453.

[21] M. Daryabani, S. Khaksar. *Jornal de Líquidos Moleculares* ***2014***, *198*, 263-266.

[22] A. Bazgir, S. Ahadi, R. Ghahremanzadeh. *Ultrasonics Sonochemistry* ***2010***, *17*, 447-452.

[23] M. Bayat, F. Hosseini. *Tetrahedron Letters* ***2017***, *58*, 1616-1621.

[24] M. Bayat, F. Hosseini, B. Notash. *Tetrahedron Letters* ***2016***, *57*, 5439-5441.

[25] M. Bayat, F. Hosseini, B. Notash. *Tetrahedron* ***2017***, *73*, 1196-1204.

[26] I. Yavari, M. Bayat. *Tetrahedron Letters* ***2011***, *52*, 6649-6651.

[27] M. Bayat, M. Rezaee. *Jornal de Química Heterocíclica* ***2017***.

[28] J. Khalafy, M. Rimaz, S. Farajzadeh. *S. Afr. J. Chem.* ***2013***, *66*, 179182.

[29] H. Mohamed Ibrahim, H. Behbehani. *Molecules* ***2014***, *19*, 2637-2654.

[30] A. Alizadeh, J. Mokhtari, M. Ahmadi. *Tetrahedron* ***2012***, *68*, 319322.

[31] W. Hao, P. Zhou, F. Wu, B. Jing. *Revista Europeia de Química Orgânica* ***2016***, 1968-1971.

[32] R. Pagadala, S. Maddila, S. Jonnalagadda. *Ultrasonics Sonochemistry* ***2014***, *21*, 472-477.

[33] M. Mahdavi, M. Asadi, M. Khoshbakht, M. Saeedi, M. Bayat. *Helv. Chim. Ata.* ***2016***, *99*, 378-383.

[34] J. Zhu, H. Bienayme. *Reacções multicomponentes* ***2004***.

[35] R. Mohebat, , A. Yazdani-Elah-Abadi, M. Maghsoodlou. *Cartas de química chinesas* ***2016.***

[36] Z. Turgut, E. Pelit, A. Koycu. *Molecules* ***2007***, *12*, 345-352.

[37] F. Hatamjafari. *Revista Internacional de Nanomateriais Híbridos Bio-Inorgânicos*, ***2014***, *3*, 111-115.

[38] Schonberg, Brosowski. *Cem. Ber.* ***1959***, *92*, 2602.

[39] C. Ramesh, B. Raju, V. Kavala. *Tetrahedron* ***2011***, *67*, 1187-1192.

[40] D. Jiang, W. Yan, Z. Wei, L. Li. *Chem. Res. Universidades Chinesas* ***2009***, *25*, 174-177.

[41] T. Phucho, A. Nongpiur, S. Tumtin, R. Nongrum. *Arkivoc* ***2008***, 7987.

[42] R. Mohareb, A. El-Kheir. *Revista Internacional de Biologia Aplicada e Tecnologia Farmacêutica* ***2011***, *2*, 434.

[43] R. Fikry, N. Ismael, A. El-Bahriasawy, A. Sayeed El-Ahmed, *Phosphorous, Sulfur, and Silicon* ***2004***, *179*, 1227.

6 A importância dos heterociclos na medicina

6.1 História

A maioria dos produtos farmacêuticos baseia-se em heterociclos. Uma análise das estruturas dos medicamentos de marca mais vendidos em 2007 mostra que 8 dos 10 medicamentos mais vendidos e 71 dos 100 medicamentos mais vendidos contêm heterociclos. Esta situação não é nova. Os heterociclos dominam a química medicinal desde o início.

Devido à extensão da utilização de heterociclos em medicina, uma discussão completa, mesmo que possível, ultrapassaria o âmbito deste livro. Em vez disso, este capítulo abordará brevemente a história dos heterociclos em medicina, seguida de exemplos de piridinas, indóis, quinolinas, azepinas e pirimidinas em princípios activos farmacêuticos.

A primeira droga heterocíclica sintética parece ser a antipirina. A antipirina é um analgésico e antipirético à base de pirazol, semelhante à aspirina. Ludwig Knorr utilizou a descoberta da fenilhidrazina por Emil Fischer para sintetizar a antipirina, tendo sido concedida a Knorr uma patente para esta síntese em 1883. Mais recentemente, a antipirina foi utilizada numa solução com benzocaína para aliviar a dor de ouvido e o inchaço em casos de otite. A síntese de Knorr é apresentada na Figura 6.1.

Figura 6.1. Síntese de Knorr.

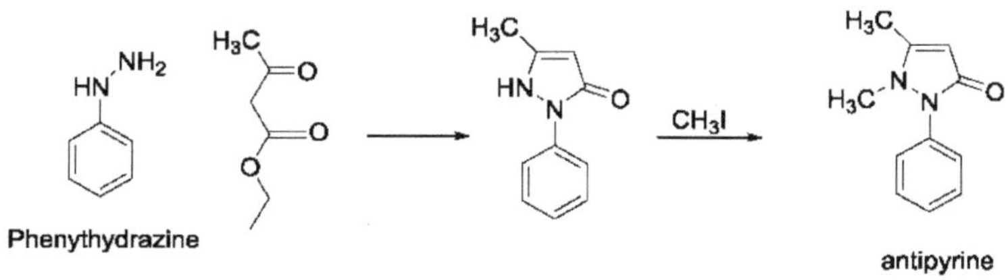

A quinina é outra droga heterocíclica de importância histórica. Em 1640, os nativos da América do Sul utilizavam a casca de uma árvore perene chamada cinchona. Em 1820, os cientistas franceses Pelletier e Caventou isolaram o quinino como ingrediente ativo (Figura 6.1).

Quinino

Fig. 6.1 Estrutura da quinina.

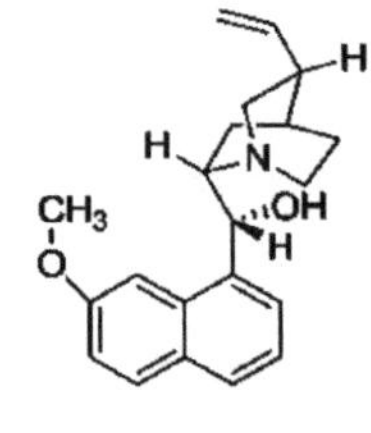

Outro medicamento comum baseado na química das sulfonamidas é a hidroclorotiazida, por vezes abreviada para HCT ou HCTZ. A hidroclorotiazida é um dos vários medicamentos à base de sulfonamida que não são antibióticos. Outros exemplos incluem a dorzolamida e a brinzolamida, que são utilizadas no tratamento do glaucoma (Figura 6.2).

Fig. 6.2. Estruturas da hidroclorotiazida, da dorzolamida e da brinzolamida.

6.2 Medicamentos à base de piridina

O anel piridina está presente em muitos medicamentos comuns. Está presente em alguns inibidores da bomba de protões, que são utilizados para reduzir a quantidade de ácido produzido pelo estômago. Estes medicamentos podem ser utilizados para tratar o refluxo gastro-esofágico, úlceras ou azia (Figura 6.3).

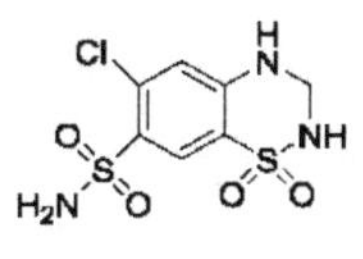

hydrochlorothiazide

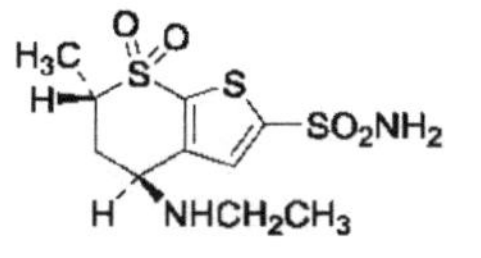

dorzolamide

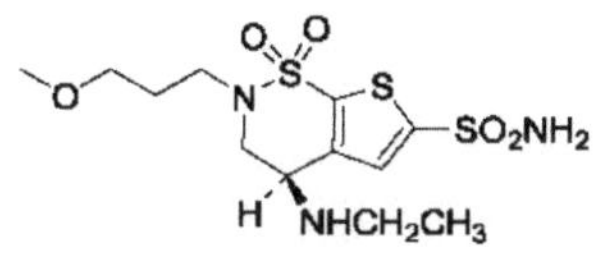

brinzolamide

Fig. 6.3. Estruturas do omeprazol, inasoprazol, pantoprazol e rabeprazol.

6.3 Medicamentos à base de indole

A serotonina, um indol, está naturalmente presente no organismo. Na maioria dos casos de enxaqueca, os níveis de serotonina diminuem. Muitos medicamentos para as enxaquecas baseiam-se na estrutura do indol (fig. 6.4).

Figura 6.4 Estruturas da serotonina, do sumatriptano, do rizatriptano e do eletriptano.

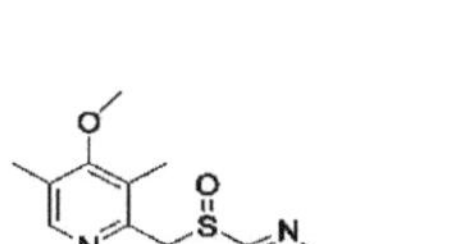

omeprazole

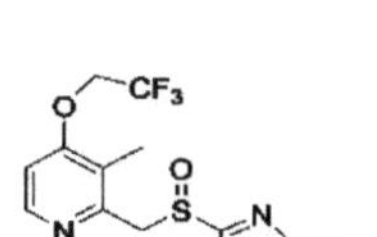

lansoprazole

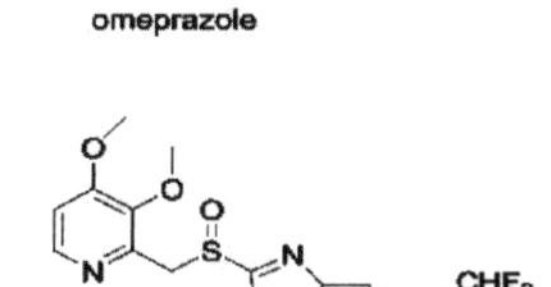

pantoprazole

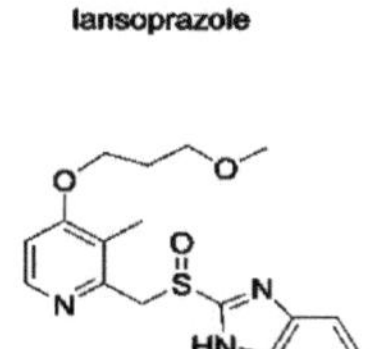

rabeprazole

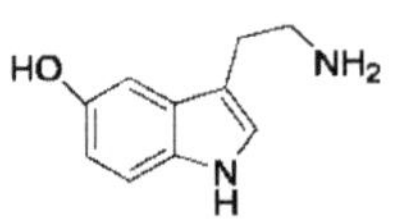

serotonin

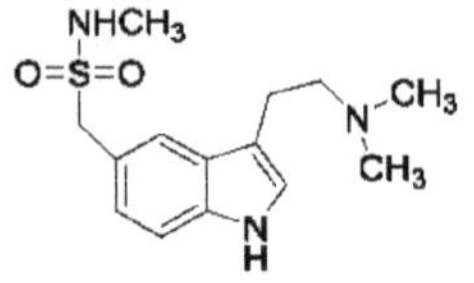

sumatriptan

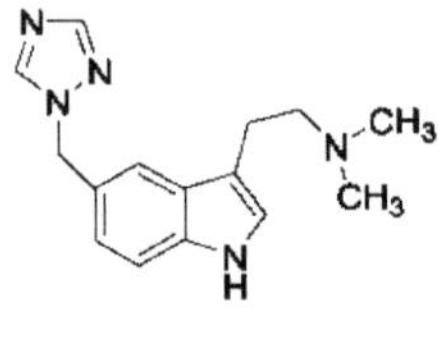

rizatriptan

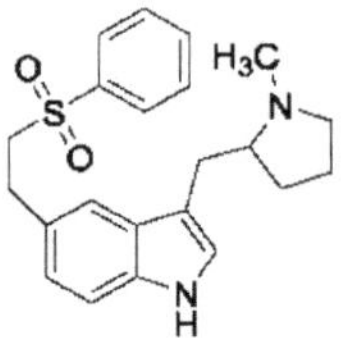

eletriptan

6.4 Medicamentos à base de quinolonas

Um composto de quinolina chamado montelucaste de sódio é o ingrediente ativo do medicamento para a asma Singulair da Merck (Figura 6.5).

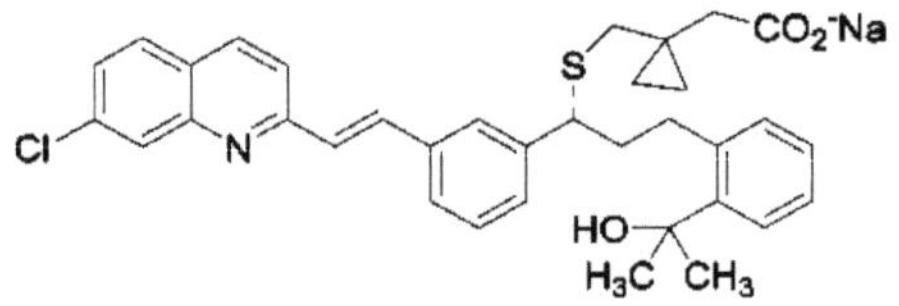

Montelucaste de sódio

Figura 6.5. Estrutura do montelucaste de sódio.

As fluoroquinolonas são agentes antibacterianos de segunda geração. A ciprofloxacina, a moxifloxacina e a levofloxacina são exemplos deste grupo. Todos eles são antibióticos utilizados para tratar ou prevenir determinadas infecções causadas por bactérias (Figura 6.6).

Fig. 6.6. Estruturas da ciprofloxacina, da moxifloxacina e da levofloxacina.

6.5 Medicamentos à base de benzodiazepinas

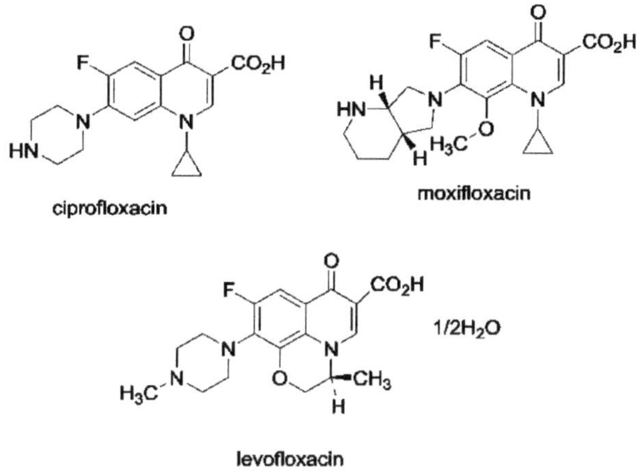

ciprofloxacin

moxifloxacin

levofloxacin

Talvez os medicamentos mais conhecidos baseados em anéis de 7 membros sejam as benzodiazepinas. Várias benzodiazepinas são utilizadas para tratar convulsões, insónias, depressão ou ansiedade. Exemplos de benzodiazepinas são o alprazolam, o clordiazepóxido e o lorazepam (Figura 6.7).

Figura 6.7. Estruturas do alprazolam, do clordiazepóxido, do diazepam e do lorazepam.

6.6 Medicamentos à base de pirimidina

As bases dos ácidos nucleicos citosina, timina e uracilo contêm um anel pirimidina. A adenina e a guanina baseiam-se no anel purina, que contém um anel pirimidina. Dado que as cinco bases dos ácidos nucleicos contêm o anel pirimidina, talvez não seja surpreendente que as pirimidinas desempenhem um papel importante nos agentes farmacêuticos utilizados numa grande variedade de terapias, como os antipsicóticos, a redução do colesterol, o cancro, a disfunção erétil, os antivirais e o vírus da imunodeficiência humana (VIH).

A risperidona é utilizada para tratar a irritabilidade associada à perturbação autista em crianças dos 5 aos 17 anos, para tratar a esquizofrenia em adultos e para tratar a mania bipolar (figura 6.8) [1].

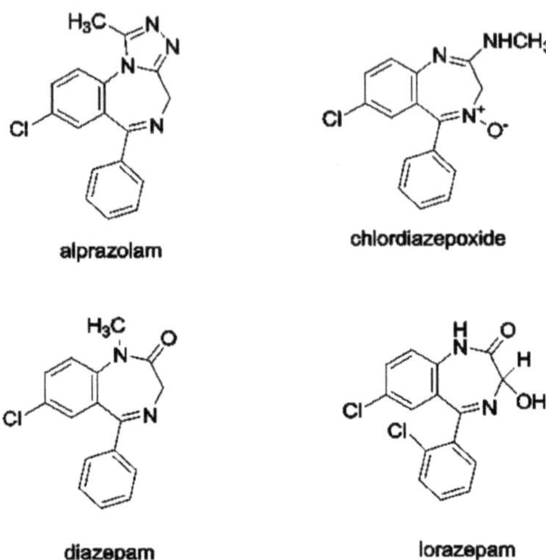

6.7 Reacções multicomponentes na investigação farmacêutica

Na descoberta de medicamentos, a MCR oferece muitas vantagens em relação às abordagens tradicionais. Pela sua própria natureza, as MCR não estão de modo algum limitadas a uma aplicação específica, podendo ser utilizadas com vantagem em todos os domínios da moderna tecnologia de base química. Aplicações recentes de MCR que nada têm a ver com medicamentos incluem a marcação por spin EPR, materiais biocompatíveis, por exemplo, para lentes oculares artificiais, polímeros com propriedades novas, fases quirais para HPLC, síntese de substâncias naturais, ácidos nucleicos peptídicos e agroquímicos [2].

Apresentamos alguns exemplos da utilização de reacções multicomponentes na síntese de medicamentos:

(1) Síntese direta num único local de fármacos zolimidina e derivados de imidazo[1,2-a]piridina através de uma estratégia em tandem promovida por Ii/CuO

Um protocolo de síntese eficiente de um pote foi desenvolvido em 2015 por Cai et al. para a síntese de imidazo [1,2-a] piridinas a partir de materiais de partida prontamente disponíveis: cetonas aromáticas, cetonas *a*, ʙ-insaturadas, ʙ-cetoésteres e 2-aminopiridinas. A presente reação decorreu bem em MeOH em meio I2/CuO. Utilizando este método, o medicamento comercialmente disponível Zolimidina foi facilmente produzido com um rendimento de 95%

(Esquema 6.2) [3].

Figura 6.2: Um protocolo eficiente de síntese num único local para a síntese de imidazo[1,2- a]piridinas.

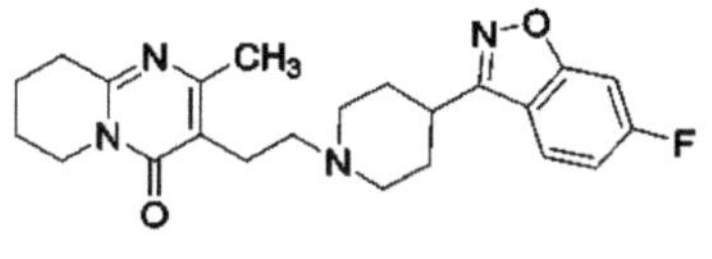

risperidone

Fig 6.8. Structure of risperidone.

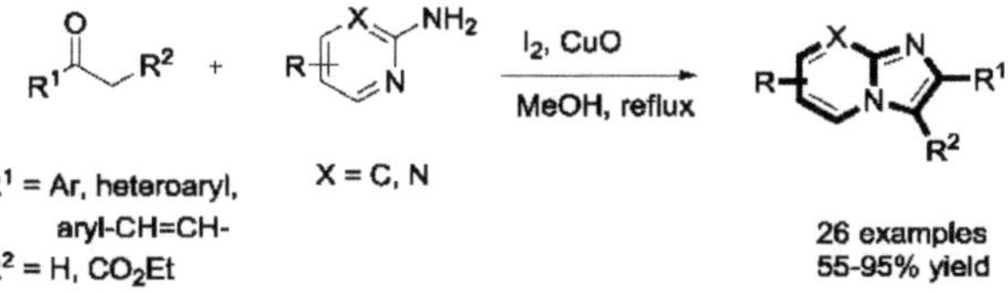

Processo de síntese da ranitidina

A reação de 5-dimetilaminometil-2-furanilmetanol (I) com 2-mercaptoetilamina (II) utilizando HCl aquoso dá origem a 2-[[[(5-dimetilaminometil-2-furanil)metiltio]etanamina (III), que é depois condensada por aquecimento a 120°C com N-metil-1-metiltio-2-nitrofenamina (IV). O composto (IV) é obtido pela reação do 1,1-bis(metiltio)-2-nitroeteno (V) com metilamina em etanol a refluxo (Esquema 6.3) [4].

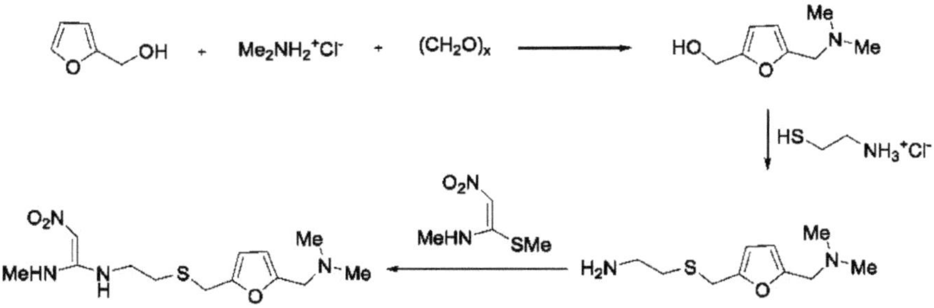

Esquema 6.3 Síntese da 2-[[(5-dimetilaminometil-2-furanil)metiltio]etanamina

Referências :

[1] D. Louis, A. Quin, T. John. *Fundamentos de Química Heterocíclica* **2010**.

[2] A. Domling. *Chem. Rev.* **2006**, *106*, 17-89.

[3] Q. Cai, M. Liu, B. Mao, X. Xie. *Chin. Chem. Lett.* **2015**, *26*, 881-884.

[4] U. Lipnica, R. Jasztold. *Ata Poloniae Pharmac.* **2002**, *59*, 121-125.

[5]

Printed by Books on Demand GmbH, Norderstedt / Germany